空を飛ぶサル？ヒヨケザル

片山龍峯

八坂書房

目次

日本
フィリピン
マレーシア
バコー国立公園
赤道
ボルネオ島
スマトラ島
ジャワ島
インドネシア

ヒヨケザル？

フライング・レムールという名前を初めて聞いたのは、一九九四年の初夏のころ、ボルネオ島の熱帯雨林にいたときです。フライング（飛ぶ）レムール（原猿）とはいったいどんな動物なのでしょう。

私にその名前を教えたのは、動物が大好きで、特にサルの仲間は人間よりずっと好きな、カメラマンの伊藤さんです。私たちはその数年まえから、NHKの番組取材のためにボルネオ島の熱帯雨林に一年間で五～六回通っていました。あるとき伊藤さんが、この森にはフライング・レムール、日本名ではヒヨケザルが棲んでいるはずだといいました。そして、ヒヨケザルは森のなかを滑空する珍しい動物で、生態もまだ謎に包まれていて、研究者でさえほとんど姿を見たことがないというのです。

私は日本に帰ってすぐヒヨケザルのことを調べてみました。ヒヨケザルは、実はサルの仲間ではなかったのです。かといって同じように滑空する

ムササビの仲間でもありません。分類上も、この動物だけのために皮翼目(ひよくもく)ヒヨケザル科がつくられていました。

ヒヨケザルの仲間は、ボルネオ島やスマトラ島に棲むマレーヒヨケザルと、フィリピン南部に棲むフィリピンヒヨケザルが知られているだけです。

京都大学の霊長類研究所にヒヨケザルの骨格があると聞いて、さっそく見せてもらいに行きました。そのとき研究者からヒヨケザルのことをいろいろと教えてもらったのですが、その人も実際にヒヨケザルを見たことはないということでした。いよいよヒヨケザルという生きものに興味がわき、野生の姿を見たい、生態を知りたい、映像に記録したいという気持ちになりました。

ヒヨケザルのいる森へ

一九九四年八月、私はヒヨケザルを求めてボルネオ島の森に入りました。ヒヨケザルのことを初めて聞いてから三か月ほどたっていました。

ボルネオ島は東南アジアの赤道直下に位置する、世界で三番目に大きな島です。日本の本州の三倍の広さがあり、照りつける熱帯の太陽をうけて、島は鬱蒼（うっそう）としたジャングルに覆われています。この森は一年に二千ミリ以上も雨が降るので熱帯雨林と呼ばれています。ここには五〇メートルを超す巨木が立ち並び、何千種もの植物がひしめき合うように繁殖しています。また、見上げるような高さの森は地面から木のてっぺんまで多様な生きものの棲息場所となっています。立体的に広がる森の中には、七〇万種の東南アジア独特の貴重な生きものが棲んでいるのです。

バコー国立公園へ

ボルネオ島の北西部にマレーシアのバコー国立公園があります。南シナ海に突き出た半島部にあるため、この国立公園へ行くためにはボートをチャーターして渡ります。半島をふちどるように茂るマングローブの林の奥に、およそ二六平方キロの熱帯雨林が広がっているのです。私は事前

の調査で、この森にヒヨケザルが棲息していることをつきとめました。しかし、研究者でさえほとんど見たことがないというほど見つけることが難しい生きものです。私はこの公園で管理の仕事をしているマスリーさんに協力してもらうことにしました。マスリーさんはこの森で三〇年間暮らしていて、いろいろな動物に詳しく、見つけるのも得意です。また、未知の深い森へ入るのには、その森をよく知っている案内人がいなければ、生命にかかわる危険さえあるのです。私はマスリーさんといっしょに森へ入って行きました。

森の生きものたち

森に入っても大木が林立しているため、薄暗くてしばらくはよく見えません。ようやく森の暗さに目が慣れてきても、意外なことに生きものがほとんど見当たりません。ヒヨケザルは地上ではなく木の上にいるはずです。まず森の中を捜しながら歩いてみました。幹のまわりが八メートルぐらいある太い木があちこちに生えています。そんな木の下にたたずんでいると、足元にサソリが潜んでいて驚きました。体長二〇センチメートル近い大きなサソリです。でも、サソリはじっと動かず、こちらが脅かすようなことをしなければ攻撃してくる気配はありません。その後この森で、体長一五センチメートルもあるムカデとか、鮮やかな色をした毒ヘビも見かけましたが、やはりこちらが脅かさなければ攻撃

してくることはありませんでした。
一日中歩いてもヒヨケザルは見当たりませんでしたが、珍しい昆虫を見つけました。バイオリンのような形をしたバイオリンムシです。ヒメカブトムシとテイオウゼミもいました。このセミは製材所で材木を切るような声で鳴きます。また、珍しいトカゲの仲間で、木から木へとグライダーのように飛ぶトビトカゲもいました。トビトカゲは肋骨(ろっこつ)が長く伸びていて、そのあいだにある大きな襞(ひだ)を張って翼にし、飛ぶときだけ広げて幹から幹へと移動します。

森の人

　静かな森の中で、突然ガサッという音がしました。高い木に登っている大きな動物が木を揺らしてその勢いで別の木に渡っていきます。二頭のオランウータンでした。オランウータンは東南アジアの熱帯雨林だけに棲息する大型の類人猿です。マレー語でオラン（人）ウータン（森）、森の人という意味です。ジャックフルーツなどの甘い果物が大好きです。食べ物を取り合うような争いもしない、とても静かな「森の人」なのです。

　若い二頭のオランウータンも見かけました。一頭が肩に手をかけて、仲良く話しているようでもあり、何か慰めているようでもあり、まるで人間の友だちどうしのような様子にしばらく見とれてしまいました。

夜の森

真っ赤な夕陽が木々のあいだにゆっくりと沈んでいく森の景色は、何度見ても見飽きない神秘的な美しさです。そして、森に夜がおとずれると昼間は姿を見せなかった夜行性の生きものが動きはじめます。実はヒヨケザルも夜行性なのです。今度こそと、昼間の森の中では見ることの出来なかったヒヨケザルを捜しました。

木の枝にフクロウがとまって、大きな丸い目を開いてこちらの様子をじっと窺(うかが)っていました。キノボリトカゲはユーモラスな姿で音もたてずに木の幹を登っていきました。そして、驚いたことに大きなヒゲイノシシがすぐ近くに現れたのです。ヒゲイノシシは体長一・五メートルほどで、重さが一五〇キログラムもあります。雑食性で、落ちている木の実や植物の根、昆虫、トカゲなどの小さな生きものまで何でも食べます。

夜遅くまでヒヨケザルを捜しましたが見つかりません。一週間のあいだ、昼も夜も捜して森の中を歩き回ったのですが、ヒヨケザルの姿を見ること

は出来ませんでした。諦めて明日はもう日本に帰ろうと思いました。

ヒヨケザル発見

森の中のコテージで帰り支度をしていたとき、マスリーさんが大慌てで私を呼びに来ました。ヒヨケザルがいたというのです。荷物を放り出したまま、大急ぎで、まるで鉄砲玉のように走りました。マスリーさんは一本の木を指さして「いる、いる、いる！」というのですが、私はどんなに目を凝らしてもヒヨケザルがどこにいるのかわかりません。森は一日中うす暗く、そのうえ木の梢（こずえ）のほうはシルエットになっていてわかりにくいのです。そっと木のまわりを移動して、ようやくヒヨケザルの姿がわかりました。まるでセミのように木にはりついてじっと動きません。ちょっと見ただけでは木の幹や瘤（こぶ）にしか見えません。おまけに木の幹そっくりな体の色と模様です。

ヒヨケザルは昼間、茂みの中で、ただじっと木の姿に似せた擬態（ぎたい）をして

過ごしていたのです。

ヒヨケザルはどんな動物?

ヒヨケザルは体長およそ四〇センチメートル、小ぶりなネコぐらいの大きさです。大きな目でもわかるように夜行性の動物です。大きくとび出した目が顔の前についていることから、広い範囲を立体的に見ることができると考えられています。ヒヨケザルの一番の特徴は、前足と後ろ足、そして尻尾のあいだが「飛膜(ひまく)」と呼ばれる膜でつながっていることです。さらに、指と指のあいだにも飛膜があります。

実は、ヒヨケザルは発見されて以来、長いあいだ、生物学者たちを悩ませてきました。

コウモリ、サル、食虫類の仲間とさまざまに分類されてきました。化石の記録がなく、どの仲間か決め手がなかったのです。それが最近になって、

ＤＮＡによる解明が進められた結果、ヒヨケザルは何の仲間でもないことがわかったのです。ヒヨケザルはどの仲間とも違う孤立した進化の道を歩んできた珍しい動物なのです。しかも驚いたことに、ヒトを含む霊長類にもっとも近い動物であることもわかってきました。

ヒヨケザルの巧みな擬態

次の日、ヒヨケザルを捜して森を歩いていると、高い木の上のほうに変なものがぶら下がっているのを見つけました。双眼鏡でよく見ると、何とヒヨケザルだったのです。丸い玉のようになって、日中ずっとぶら下がっていました。あたりを見回すと、よく似た形のものが所々にぶら下がっています。それはヤシの枯葉が枝に引っかかったものでした。ヒヨケザルは枝に引っかかったヤシの枯葉そっくりに擬態していたのです。

一日中じっと木にぶら下がっていられるのは、ヒヨケザルの手は筋肉をゆるめると、自然に指の関節がはずれて爪が枝に引っかかる仕組みになっ

ているからです。つまり、ぶら下がるのに力はいらないのです。

何時間も観察しているとヒヨケザルのことが少しわかってきました。木の幹にはりついて擬態しているヒヨケザルの真下にマスリーさんが行くと、そのヒヨケザルは体を少しずつずらして木の反対側に回り込んでいきました。休んでいるように見えても、ちゃんと相手の動きを読み取って、位置を変えて見破られないようにしているのです。

不思議なもので、一度見えはじめると、次々にヒヨケザルが見つけられるようになりました。こんな経験を前にもしたことがあります。クモの取材をしたときのことです。クモが糸を上昇気流にのせて空に飛んでいくという珍しい現象を山形県で撮影したあと、なんと自宅の庭でも同じ現象を見つけたのです。人間の目は不思議です。鳥や昆虫、野生の動物などは、その生きものを見ようと思う心と情報があって初めて見えるのだということを再認識しました。

ヒヨケザルが飛んだ！

その日、森の中でカニクイザルが数頭で木の実などを食べているのを見つけました。まだ子どものカニクイザルもいて、地面と木の上を自由に動いてとても活発に遊んでいます。

実は、その木の高いところに、ヒヨケザルが幹にピッタリくっついて休んでいました。ヒヨケザルはカニクイザルの騒がしい動きを気にしているようで、じっと様子を窺って、微妙に体を動かしたりして見つからないようにしています。二頭のカニクイザルの子どもが追っかけっこをするように登ってきて、ヒヨケザルの体を少し踏むようにして駆け上っていきました。ヒヨケザルは全く動きません。子ザルたちはヒヨケザルに気づかないで別の枝のほうにいきました。踏まれてもじっと我慢して、木に化ける。それが一番安全だとわかっているのでしょう。

ところが、しばらくして別のカニクイザルが駆け上ってきたときのことです。突然、ヒヨケザルが飛膜を大きく広げて飛んだのです！　初めて見たヒヨケザルの滑空です。体全体を覆う膜を広げ、まるでグライダーのように滑らかな、見事な滑空でした。

ヒヨケザルは日中はめったに飛ばないといいますが、危険が迫ったときには昼間でも飛ぶことがわかりました。カニクイザルが飛ばしてくれたおかげで、ヒヨケザルが飛ぶ姿を目の当たりにすることができたのです。

夜の森のヒヨケザル

二週間ほどの観察を通して、ヒヨケザルは夜七時を過ぎたころから活動しはじめることがわかりました。コテージから歩ける範囲で一〇頭以上のヒヨケザルを見つけたのですが、昼間はどの個体も、それぞれ決まった木のあたりにいることが多いのです。それで、ヒヨケザルが活動しはじめる前に、その場所に行って静かに待つことにしました。

日中ほとんど動かないヒヨケザルですが、夜になると軽々と木を登っていきます。

ヒヨケザルは指に鋭い五本のカギ爪がついているので、垂直な幹も楽々と登ることができるのです。てっぺんまで登ると、あたりを見回してから、飛びました！　今度は大滑空です。手足を大の字に開き、体いっぱいに風をはらんで飛んでいきました。

ヒヨケザルは滑空しながら木から木へと渡っていきます。そして、徐々に梢のほうに向かっていき、爪を使って枝をたぐり寄せて、先端にある柔

らかい若葉を食べはじめました。コウモリのようにぶら下がったまま食べていました。木の花芽も食べていました。食べ方はとてもゆっくりで、食べる量もあまり多くないようです。一晩に食べる量はほんのわずかで、何時間か休憩した後、また滑空して別の木へと移動しました。

ヒヨケザルは少食

バコー国立公園ではテングザルも見ることが出来ます。テングザルはボルネオ島だけに棲息している珍しいサルです。観察してみると、テングザルは昼間たえず葉を食べ続けています。そのため、葉の繊維を大量に分解するのに、長い時間お腹にたまっているのでしょうか、いつもお腹が膨れて太鼓腹です。

また、ここにはシルバールトンも棲んでいます。やはり木の葉を主食としています。枝先の葉を食べるため、高い木の上を身軽に渡り歩きます。見ていると、シルバールトンも一日の大半を食べることに費やします。熱

帯では木の葉は一年中森にあるのですが、栄養価が低いため大量に食べなければいけないのです。

シルバールトンやテングザルが食べるときの様子を見ていると、ヒヨケザルは葉の食べ方がずいぶん違うことに気がつきました。ヒヨケザルは夜行性なので夜のあいだに食べるのですが、実にゆっくりとした食べ方で、しかも、一晩に食べる葉の量はほんのわずか、後はじっとしていることが多いのです。きっとお腹が膨れるほど食べると重くて飛べないからでしょう。ヒヨケザルが少食なわけは飛ぶことと関係していると思えてきました。

ヒヨケザルの赤ちゃん

ある日、マスリーさんがうれしそうな様子でコテージへ呼びにきました。ヒヨケザルの赤ちゃんを見つけたというのです。大喜びでさっそく森へ案内してもらいました。

でも、行ってみると、ヒヨケザルがいつものように木にはりついている

だけです。

がっかりした様子の私に、マスリーさんは自信のある顔で絶対に赤ちゃんがいるといいます。じっと我慢して観察していると、ヒヨケザルの胸のあたりに小さな頭が見えました。本当に赤ちゃんがいたのです。どうやらお乳を飲んでいるようです。観察を続けていると、赤ちゃんはお母さんの飛膜の中でモゾモゾ動いたりしていましたが、やっと顔を出しました。小さな可愛い赤ちゃんです。まだ毛が生え揃っていないようです。マスリーさんによると生まれて二週間くらいだということでした。

お母さんの飛膜の中から顔だけ出した赤ちゃんは、キョロキョロして、もの珍しそうにあたりを見回していました。

ヒヨケザルが一回に産む子どもは一頭で、赤ちゃんは未熟な状態で生まれてくると考えられています。でも、ヒヨケザルは人間の手で飼育することがとても難しい動物なので、子育てについても詳しいことはほとんどわかっていません。

これまでヒヨケザルの赤ちゃんの記録や映像は全くといっていいほどありません。子育ての記録も全くないのです。この赤ちゃんは、一体どのくらいで独り立ちするのだろう？　資料も情報もないということは、もしかすると、まだ世界中で誰も知らないのかもしれません。よし、このヒヨケザルの赤ちゃんの成長を追ってみようと考えました。そのために、まずこの赤ちゃんを個体識別する方法を考えました。

赤ちゃんの名前はレミイ

私はゼニガタアザラシを研究していた人のことを思い出しました。その人は、ゼニガタアザラシの毛にある白い斑点の違いで、一頭一頭を見分けていました。ヒヨケザルの体にも白い斑点があって一頭ずつ微妙に違っています。私は、その白い斑点で見分けて個体識別しようと考えついたのです。

赤ちゃんとお母さんをはじめ、森で見つけたヒヨケザルの白い斑点の特徴を、正面からの顔や木にはりついている状態など、いろんな角度から絵に描いて、そのノートをいつも持って観察することにしました。赤ちゃんは鼻の真中にある白い点が目印です。名前をレミイと付けました。お母さんの名前はママにしました。それから数日のあいだ、私は、レミイとママを捜しては観察し、映像に記録して、もう森のどこで見つけてもこの親子は見分けられるという自信がついたところで森を出ました。

それからは、一か月に一度ボルネオ島の森に通って子育てを記録することにしました。

再び森へ

初めてレミイとママに出会って一か月後、私は再びボルネオ島の森へ入りました。

レミイは順調に育っているだろうか、レミイとママを見つけることが出来るだろうか、期待に胸が膨らむ一方で、また、心配もいっぱいでした。

バコー国立公園の森では、私が日本に帰っているあいだ、マスリーさんが、

place: Bako
child of M
place: Bako
ママ (♀)
Mama
発見日
1994年9月1日
(特徴)
子持ちの
母親
mother
Flying Lemur (ヒヨケザル)
No. 16
name: クイケ (♀)
Kuike
発見日
'94年10月27日
(特徴)
No. 4
Flying Lemur (ヒヨケザル)
name: ツースポット
Two Spots
発見日
'94年 9月19日
place: 裏の林
(特徴)
No.
place

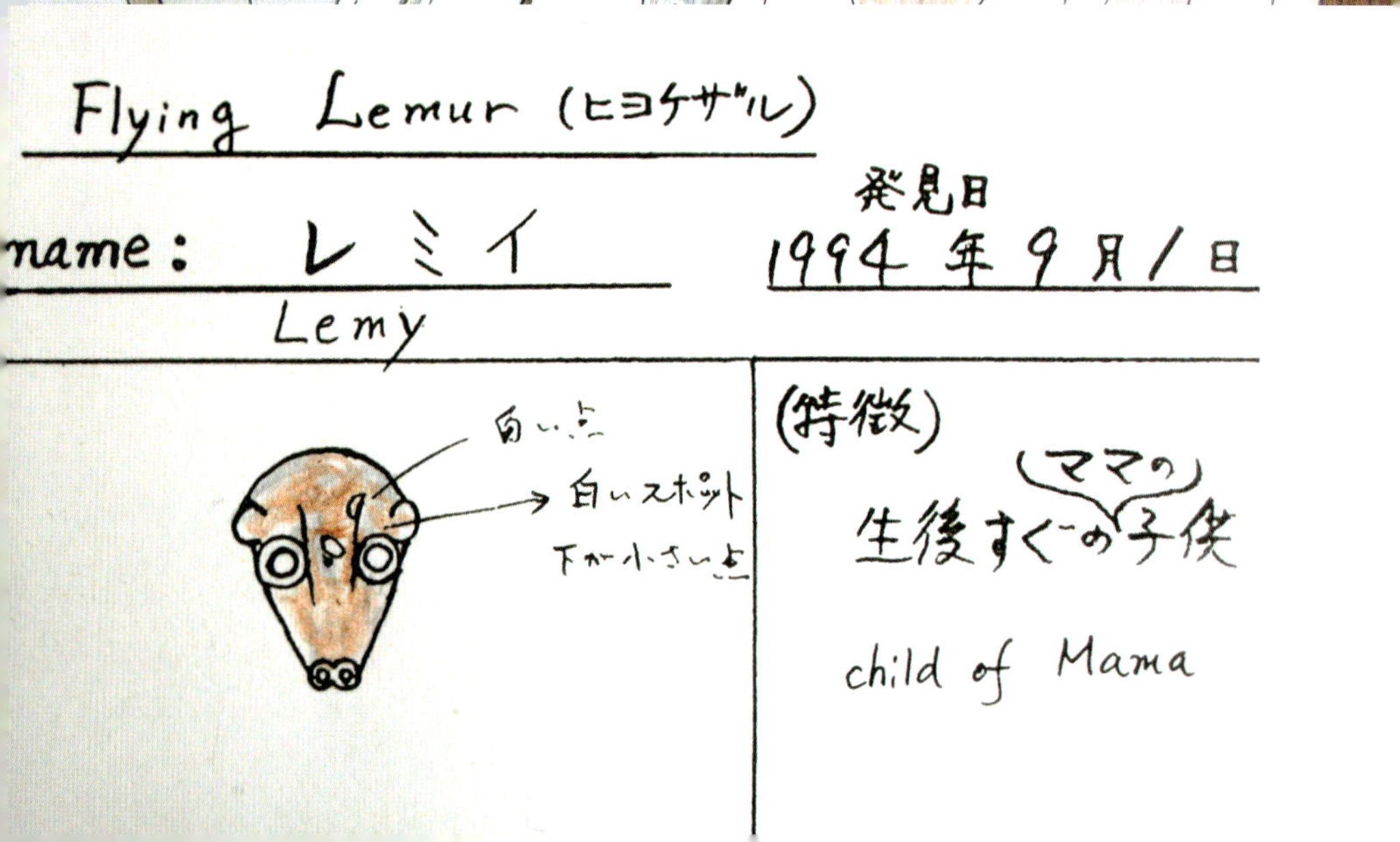
Flying Lemur (ヒヨケザル)
name: レミイ
Lemy
発見日
1994年9月1日
白い点
白いスポット
下が小さい点
(特徴)
ママの
生後すぐの子供
child of Mama

ときどきレミイとママを捜して、その様子を観察してくれていました。ママスリーさんといっしょに森に入り、親子を捜していると、木の枝にぶら下がっているヒヨケザルを見つけました。よく見ると、ヒヨケザルの首のあたりに小さな顔がもう一つ見えています。鼻の上に白い点がある赤ちゃん、まさしくレミイです。

レミイは毛も生え揃って、ずいぶん大きくなっていました。ママの飛膜のあいだから顔や手を出して動いたり、ときには指を自分で舐めたりもするのですが、その小さな指のあいだには、もう飛膜がありました。

大分ヒヨケザルらしくなったレミイの顔は、何だか子犬のような顔つきをしています。ヒヨケザルの学名「キノセファルス」は「犬の頭」という意味なのですが、こんなところから付いた名前なのかもしれないと思いました。

レミイは片時もママの飛膜の中から離れません。そしてママは、相変わらず昼間じっと動きません。どのくらい動かずにいるのか計ってみると、何と、一日に一八時間ぐらい動かないこともありました。鼻に蚊が何匹もとまっているときでも、じっと我慢している姿はとても印象的でした。

レミイを抱いて滑空

夜になるとママの動きは活発になってきました。レミイの体をしきりに舐めてやったりします。レミイはまだ自分で用をたせないらしく、ママが排泄物も舐めてきれいにしてやっているようでした。

七時三〇分過ぎ、いよいよヒヨケザルが採食のために滑空して移動しはじめるころです。ママとレミイはどうするのだろうと、私は夕暮れからずっと親子の様子を見ていました。ママはレミイをお腹に抱いたまま、どんどん木を登りはじめました。そして、ママはレミイをお腹に抱いたまま飛んだのです。正確にいえば、レミイがママのお腹に爪でしっかりと掴まっていたのです。レミイは横向きにしがみついていました。

一週間ほど、レミイとママを捜しては観察し続けたのですが、そのあいだ、レミイがママから離れることは一度もありませんでした。どうやら、ヒヨケザルは小さな子どもは必ず連れて移動しているようです。

ママの糞を舐める

レミイとママの親子に出会って二か月目が過ぎたころ、夜の森で驚くような出来事がありました。ママが尻尾を捲(まく)り上げて糞をしはじめたときのことです。レミイがママの飛膜の中から身を乗り出すようにして、母親の糞を舐めはじめたのです。

最初は、高い木の上でいったい何をしているのだろうとびっくりしたのですが、これは、母親の糞の中から、植物の繊維を分解するバクテリアを体の中に取り込んでいたのです。自分で木の葉を食べるようになったときには、お腹にバクテリアが欠かせません。どうやらレミイの乳離れの時期が近づいているようです。

数日後、ママが木の葉を爪でたぐり寄せて食べているところを見つけました。レミイは飛膜の中から首をのばして、葉に顔を近づけ、匂いを嗅いだり、ちょっと舐めてみたりして興味をもっている様子です。母親が食べる葉の形や匂いなどを覚えて、どんな木の葉が食べられるのか学習しているようでした。

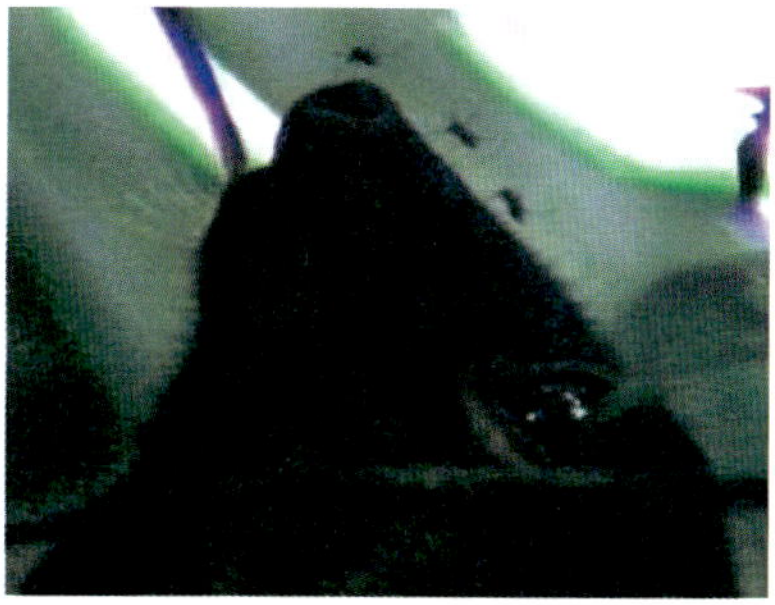
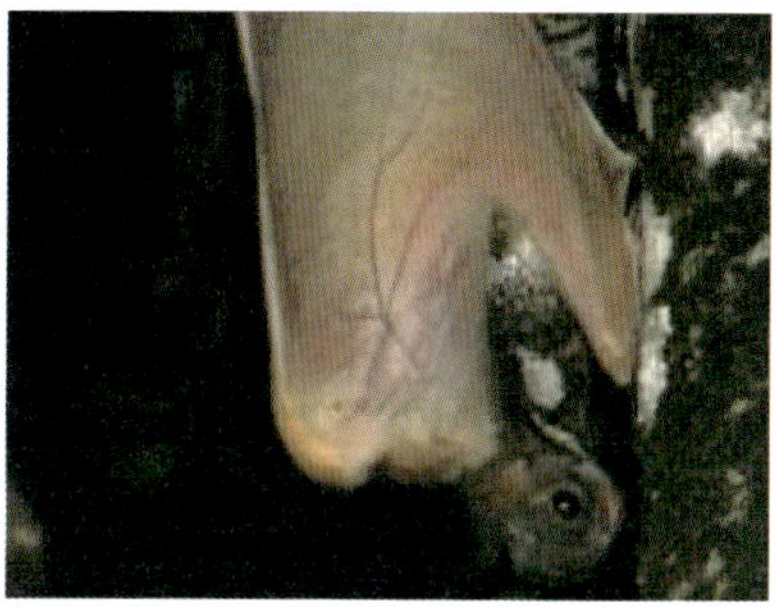

レミイが飛膜の外に

レミイとママに出会って三か月がたちました。森の中で親子の姿を見つけ、その成長ぶりに驚きました。もうレミイはママの飛膜の中にいるだけではなく、ときどき外に出て、その背中におんぶするようにくっついていたりするようになりました。

夜になると、ママと一緒に木の葉をけんめいに食べていました。また、レミイが尻尾の飛膜を捲り上げて、ポロポロしたまるでウサギのような糞をする様子も見ることが出来ました。レミイは一人前に木の葉を消化出来るようになったのです。レミイは食事を終え、排泄をすませると、ママの飛膜の中にそろそろと入っていきました。まだ母親の懐の中が安心なようです。

やがて、ママは別の木に向かって飛び立っていきました。ママのお腹にはレミイがしっかりとしがみついていました。もうレミイの体重はかなり

あるはずですが、飛ぶときに全く支障はないようで、その巧みな滑空の技にあらためて感嘆しました。

ママと同じ顔の大きさ

レミイとママに出会って六か月がたちました。レミイはすっかり大きくなって、顔の大きさもママとあまり変わらないくらいです。幼さが消えて、何だか一人前のヒヨケザルの顔つきになりました。ずいぶんママの飛膜からはみ出しています。

観察していると、レミイは、昼間ほとんど動かないママの飛膜の中から、身をのり出して、興味津々の様子であたりを眺めたり、飛膜から出てママの背中にくっついたりして過ごしていました。居心地のよい母親の懐から、出たり入ったりを繰り返しながら独り立ちの準備をしているのでしょう。

レミイの親離れ

それから半月ほどたって、森の中でレミイ親子を捜していた私は、高い木の幹にとまっている若いヒヨケザルを見つけました。若い個体は毛の色が少し黒っぽいので見分けがつくのです。よく見ると、鼻筋に白い斑点があります。レミイだったのです！

ママから離れて独り立ちしたようです。でも、レミイからそれほど遠くない木にママの姿がありました。レミイの様子がわかる範囲で、まだまだ見守っているようです。

もう一つ、驚くことがありました。ママの体の脇から小さな赤ちゃんが顔を覗かせていたのです。ママはレミイを育てながら、次の赤ちゃんを妊娠していたのです。

ヒヨケザルの子どもが親離れするのは、生後六～七か月であることが初めてわかりました。また、母親は子育てをしながら次の妊娠をして、前の子どもが身近にいるあいだに次の赤ちゃんを産むという、ヒヨケザルの子

育ての生態が初めてわかりました。

その夜、森の中で高い木の上から、レミイがみごとに飛んでいきました。私は、いつの間にこんなに上手に滑空できるようになったのかとびっくりしながら、野生の生きものの持つ不思議な力に感動しました。

ヒヨケザルは、単独で暮らしています。サルの仲間のように家族で集まって暮らすようなことはありません。レミイもきっと独りでエサを探しはじめたのでしょう。

六か月半前に初めて見た小さなレミイの姿を思い出すと、本当に立派に成長したと感心してしまいます。でも、まだ親離れしたばかりの若いヒヨケザルです。熱帯の深い森の中で、どんな困難が待ち受けているかもしれません。

さようなら、レミイ！　この森を自由に滑空し、飛び回って、元気に生きていってね、と願いながら私はボルネオ島に別れを告げました。

九年後

二〇〇三年、ボルネオ島の森でヒヨケザルの生態を観察し映像に記録してから九年がたっていました。ある日、私はインターネットでヒヨケザルのことを調べていました。そして、思いがけず、日本の研究者が四年前からインドネシアでヒヨケザルの研究をはじめていることを知りました。

その人は、北九州市立自然史・歴史博物館の学芸員、馬場稔さんです。私は、すぐに北九州に馬場さんを訪ねました。馬場さんの研究は、ヒヨケザルに小型の発信機を取り付けて調査する方法です。

まだまだ謎に包まれているヒヨケザルの生態がわかるかもしれない。私は、馬場さんの現地調査に同行取材させてもらうことをお願いしました。

ジャワ島のヒヨケザル

馬場さんの研究のフィールドは、ボルネオ島の南、インドネシアのジャ

ワ島にあるココヤシのプランテーションです。

馬場さんたちの研究グループは、現地の協力者といっしょにヒヨケザルを捕獲して背中に小さな発信機を一つずつ取り付けます。発信機の重さはわずか一〇グラムで、ヒヨケザルが飛ぶのに支障はありません。また、毛替わりと共に落ちてしまうそうです。

ヒヨケザルの背中から出る電波をとらえて、一頭のヒヨケザルが林の中をどのように飛び回るのか、詳しい生態を解明しようというものです。


夜、馬場さんたちはずっとヒヨケザルの背中から発信される電波を追って歩き回ります。人間の目ではとても見えない闇の中でも、ヒヨケザルのいる場所が突き止められるのです。それは、夜のあいだ中歩き回り、昼間は研究に関するさまざまな仕事があるので、眠る時間がないという苦労の多い調査の日々でした。こうした四年間にわたる地道な調査によって、これまでわからなかったヒヨケザルの行動が次第にわかってきたのです。

ヒヨケザルは普段、一頭一頭がバラバラに暮らしています。メスは約一〇〇メートル四方のナワバリを作ってその中だけを移動しています。子育てのために安心して自分だけが使える餌場を持つためです。一方オスは、何頭ものメスのナワバリを移動して餌を探し、交尾の機会もうかがっているようです。オスは子孫を残すために、出会いを求めて何頭ものメスのあいだを渡り歩いているのでしょう。

ヒヨケザルの食べる葉

馬場さんの調査でヒヨケザルの食性がわかってきました。ヒヨケザルが食べるのは、ネジレフサマメノキ、ジリンマメノキなどのわずか一〇種類の植物の葉やつぼみだけだったのです。これらは人間でも食べられる毒の少ない消化のよいものばかりです。お腹が膨れて重くなることもありません。身軽にして飛ぶためには大事なことなのでしょう。

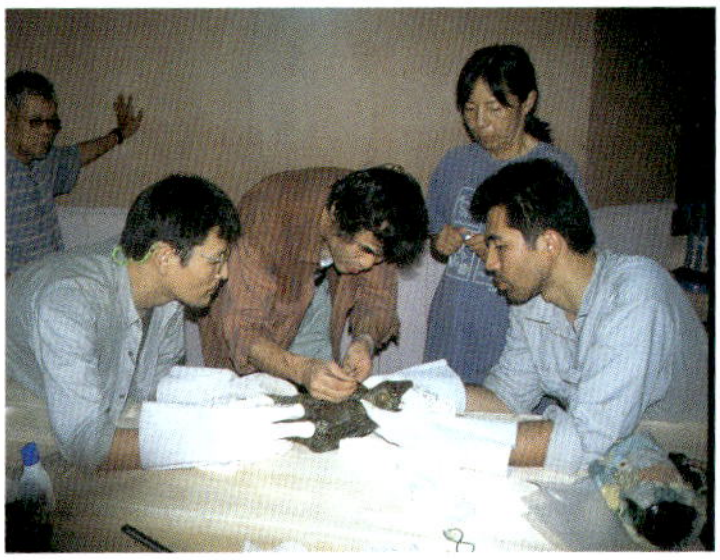

馬場さんの調査のフィールドは、ココヤシのプランテーションなので、バコー国立公園のような、熱帯雨林の森の中でヒヨケザルが食べている木の葉は違っていると考えられます。でも、棲息環境が違っても、ヒヨケザルが少なく食べて、少なく動く動物であることは間違いありません。ずっといっしょにヒヨケザルを見てきたカメラマンの伊藤さんは、ヒヨケザルの活動時間は一日に三時間ぐらいだし、動かない感じがナマケモノによく似ているから、「空飛ぶナマケモノ」だといいだしました。

九年ぶりのバコー国立公園

久しぶりにボルネオ島の森を見たくなった私は、インドネシアからの帰りにバコー国立公園まで足をのばしました。マスリーさんと再会を喜び合い、いっしょに森へ入ってヒヨケザルを捜しました。

レミイは元気でこの森にいるのだろうか。鼻筋の白い点を目印に捜して歩きましたが、出会ったのは、私のノートに記録していない見知らぬヒヨケザルばかりでした。もし、レミイがオスだとしたら、別の場所に移動したのかもしれませんが、ママの姿も見かけませんでした。

夕方、がっかりしている私を慰めてくれるかのように、一頭のヒヨケザルがみごとな飛行を見せてくれました。それは、とても長い飛行でした。これまでにヒヨケザルが一三六メートルも飛んだ記録があるのですが、そんな距離を思わせるような、すばらしい飛びっぷりだったのです。

そのときです、私は、ヒヨケザルが尾の飛膜を扇ぐようにしていることに気がつきました。これまでは空気の流れで揺れているのだろうと思っていましたが、何だかヒヨケザルが自分の意思で尾の飛膜を動かしているように見えたのです。

私はその動きをビデオに記録して日本に帰りました。

ヒヨケザルの飛行の仕組み

日本に帰って、私はさっそくビデオの編集用の機械を使って、ヒヨケザルの飛行の映像をゆっくり動かしてみました。尾の動きを数えてみると、何と一秒間に一〇回も扇いでいました。私は、この動きが巧みな飛行と関係するのだろうと直感しました。

そして、航空力学の専門家である東京大学名誉教授の東昭さんを訪ねました。

東さんの研究室で、ヒヨケザルのビデオを見てもらった結果、私が予測した以上にヒヨケザルの飛行が航空力学のうえでも理にかなっていることがわかったのです。

まず、尻尾の団扇のような動きが、飛行距離をのばす大切な役割をしていたのです。海の中のヒラメやクジラは尾びれを上下に扇ぐように動かして進んでいるのですが、ヒヨケザルの尻尾の扇ぐような動きは、それと同じだということです。水中の動物以外で空中をこのようにして飛ぶのはヒヨケザルしかいないそうです。

例えば、高さ二〇メートルの木から滑空する場合、計算によると、ただ飛ぶだけでは八〇メートルです。ところが、尾で扇ぎながら飛ぶと、推進力が生まれ、一二〇メートルも滑空することができるのです。

次に、指のあいだにある飛膜は、指を動かして膜を広げたり縮めたりすることによって、舵をとる役目をしていることがわかりました。また、カーブするときなどは、手首を回して空気の抵抗を変えて調節することができます。さらに、木に着地する際は、地面に対して九〇度近くまで体を起こしますが、飛膜を背側に凸に反らせることで翼の機能を維持して、低速でも落下することなく着地できることがわかりました。

なぜ、ヒヨケザルが赤ちゃんをお腹にぶら下げたまま安全に飛べるのか、スピードが落ちても赤ちゃんを木にぶつけたりしないで着地できるのか、ずっと不思議に思っていました。ヒヨケザルの巧みな滑空には、こんな高度な飛行の仕組みがあったのかと、本当に驚いてしまいました。

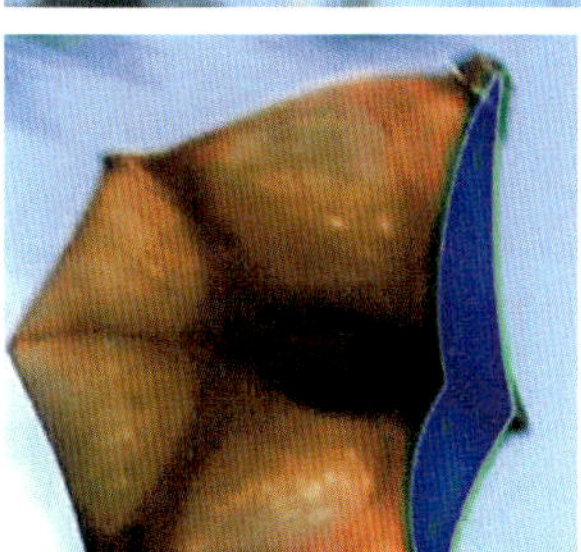
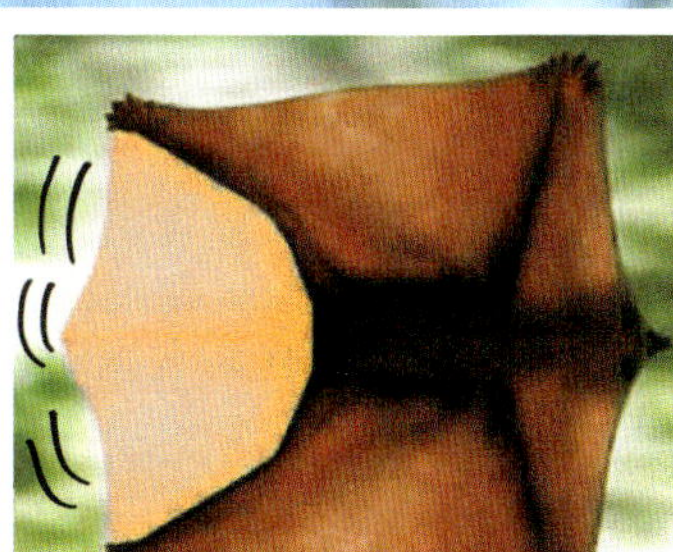

木と毛色の謎

一九九四年に私がバコー国立公園で半年以上にわたって、レミイとママの親子を追い続けたときには、ヒヨケザルの生態は全くといっていいほどわかっていませんでした。私たちの取材は、まさに闇の中を手探りで進んでいくようなものでした。

それが今では、馬場さんのフィールド調査と研究で、食性や行動などが少しずつ解明されています。また東さんの分析で、ヒヨケザルの巧みな滑空が、航空力学の上でも理にかなった高度な仕組みをもっていたことも知りました。

でも、私にはどうしても気にかかる謎が残っています。それは木の幹にはりついて擬態しているヒヨケザルの毛色のことです。思い出すのは、一九九四年一〇月、二度目の取材を終えたあと、ビデオ撮影した映像をカメラマンの伊藤さんらと長時間見ていたときのことです。私たちは、ヒヨケザルが、とまった木肌に毛の色や模様を合わせて変化させているように思えてきたのです。それ以前にも、私自身で撮った写真を見てそのことを不思議に思っていました。しかし、毛の色はカメレオンの皮膚のように変えられないので、おかしいなと思っていたのです。ところが、伊藤さんは毛の密度を変えれば色調を変えられるというのです。なるほど、毛を立てたり寝かせたりすれば、色は微妙に変わります。その視点で私たちはもう一度ビデオを見直しました。

そして、木肌と毛並みとに相関性があるのではないか、ヒヨケザルの目は大きくとび出しているので、その目で木と自分の姿の両方を見ながら、毛を立てたり、寝かせたりして色を変え、木の色に合わせているのではないか、哺乳類には稀有な環境に合わせた体色変化ではないかという、胸がわくわくするような仮説に至ったのです。

やがて研究が進み、ヒヨケザルの木肌と毛色の関係の謎がとける日がくるかもしれません。

ヒヨケザルの生き方

人間の手でどんなにヒヨケザルの生態が解明されたとしても、ヒヨケザルの森での生活は変わらないことでしょう。

ヒヨケザルは、わずかな量の葉を食べ、できるだけ動かず、飛ぶときはグライダーのように滑空して、エネルギーを極端に節約して生きています。

私たち人間は、森林を伐採し、さまざまな物を大量に消費して、環境汚染を地球全体に広げています。この先、地球だけでなく、宇宙までも汚していくかもしれません。

森を荒らさず、ひっそりと六千万年以上も生き続けてきたヒヨケザルの生き方。

私は、あのレミイたちのつつましい生き方がとても大事なもののように思えてきました。

解説

その一

ヒヨケザルは霊長類に一番近い親戚

分子系統学から見たヒヨケザルの進化的位置

復旦大学生命科学学院教授
長谷川政美

生物進化の歴史は、現在生きている生物のゲノムＤＮＡに刻まれている。地球上のあらゆる生物は一つの共通祖先から進化してきたものであり、進化の歴史は、木の根元に対応する共通祖先から枝分かれを繰り返す〝系統樹〟というかたちで表現することができる。

異なる生物のもつＤＮＡの塩基配列の違いは、共通祖先からの進化の歴史を反映しているので、さまざまな生物種のＤＮＡ配列を比較することによって系統樹を推定することができるわけである。このような研究分野が分子系統学である。

例えば、ヒト、チンパンジー、ゴリラを含む系統樹上で、ヒトと最後に枝分かれしたのがチンパンジーであることが分子系統学から明らかになった[1]。ヒトに一番近い親戚は、チンパンジーだということである。

従来は形態の比較による系統学が主流であったが、形態レベルでは似たような環境で生息する生物で独立に同じような形質が進化するという収斂進化が頻繁に見られ、形態だけにもとづいた系統樹は間違う危険性が高い。形態レベルでは、チンパンジーとゴリラに共通のいくつかの特徴にまどわされた結果、従来はチンパンジーとゴリラが同じようにヒトに近い親戚だと考えられていたのである。そのために、近年は形態とは独立の情報にもとづく分子系統学が脚光を浴びるようになってきた。

このようにヒトに一番近い親戚がチンパンジーであることが明らかになったことは、ヒトの進化を研究する上で、極めて重要なことである。つまり、ヒトとチンパンジーの共通祖先からどのようにヒトが進化したか調べるという、研究の指針ができたことになる。

三つのグループからなる真獣類

この一〇年余りのあいだ、哺乳類、特にメスが胎盤をもつ真獣類に関する分子系統学的な研究が目覚ましく発展しており、多くのことが明らかになってきた（図1、(2)より）。

もっとも大きな発見は、真獣類が進化的には三つの大きなグループから構成されており、それぞれのグループが白亜紀に分断された大陸に由来す

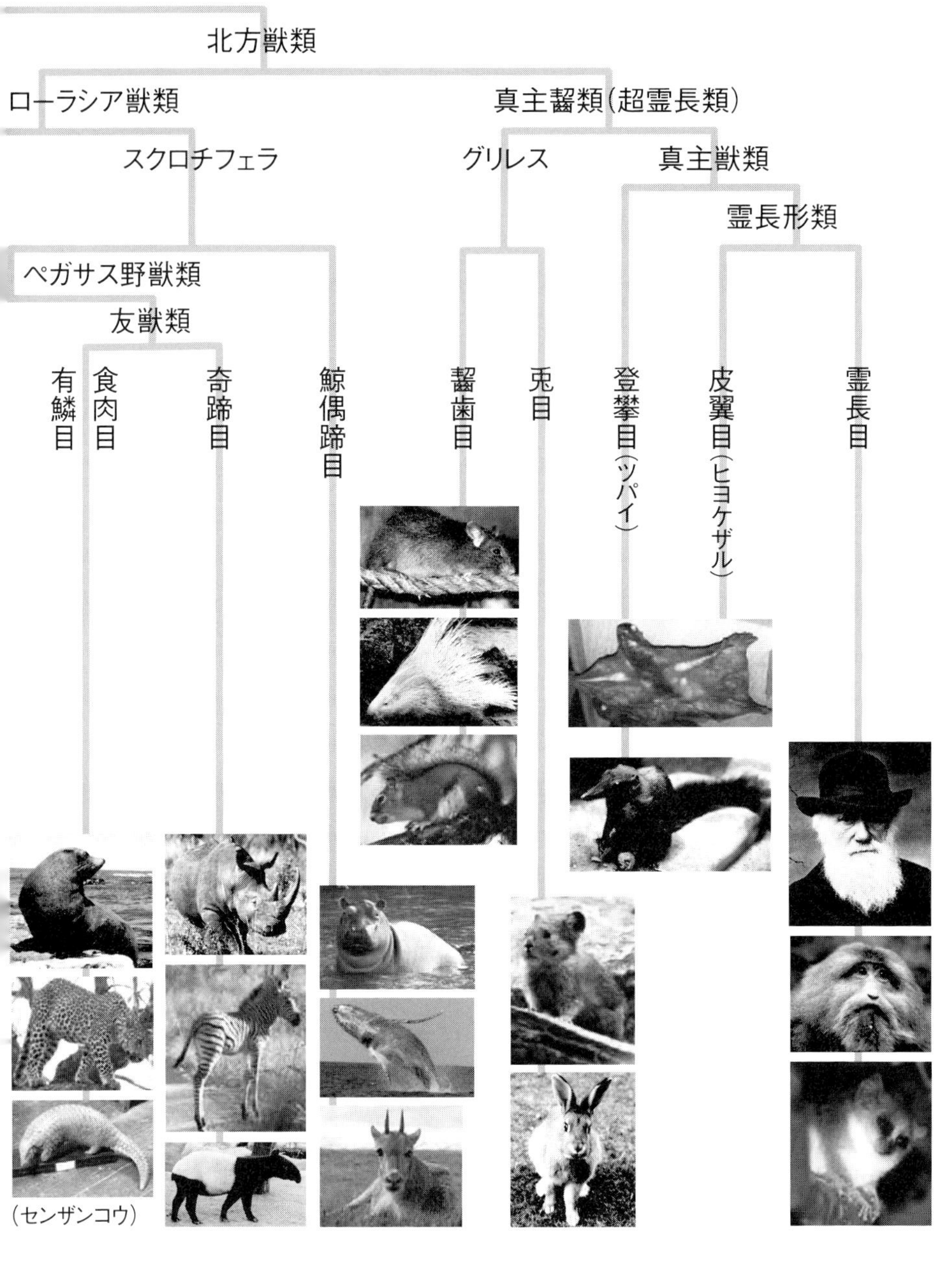
北方獣類
ローラシア獣類
真主齧類(超霊長類)
スクロチフェラ
グリレス
真主獣類
霊長形類
ペガサス野獣類
友獣類
有鱗目
食肉目
奇蹄目
鯨偶蹄目
齧歯目
兎目
登攀目(ツパイ)
皮翼目(ヒヨケザル)
霊長目
(センザンコウ)

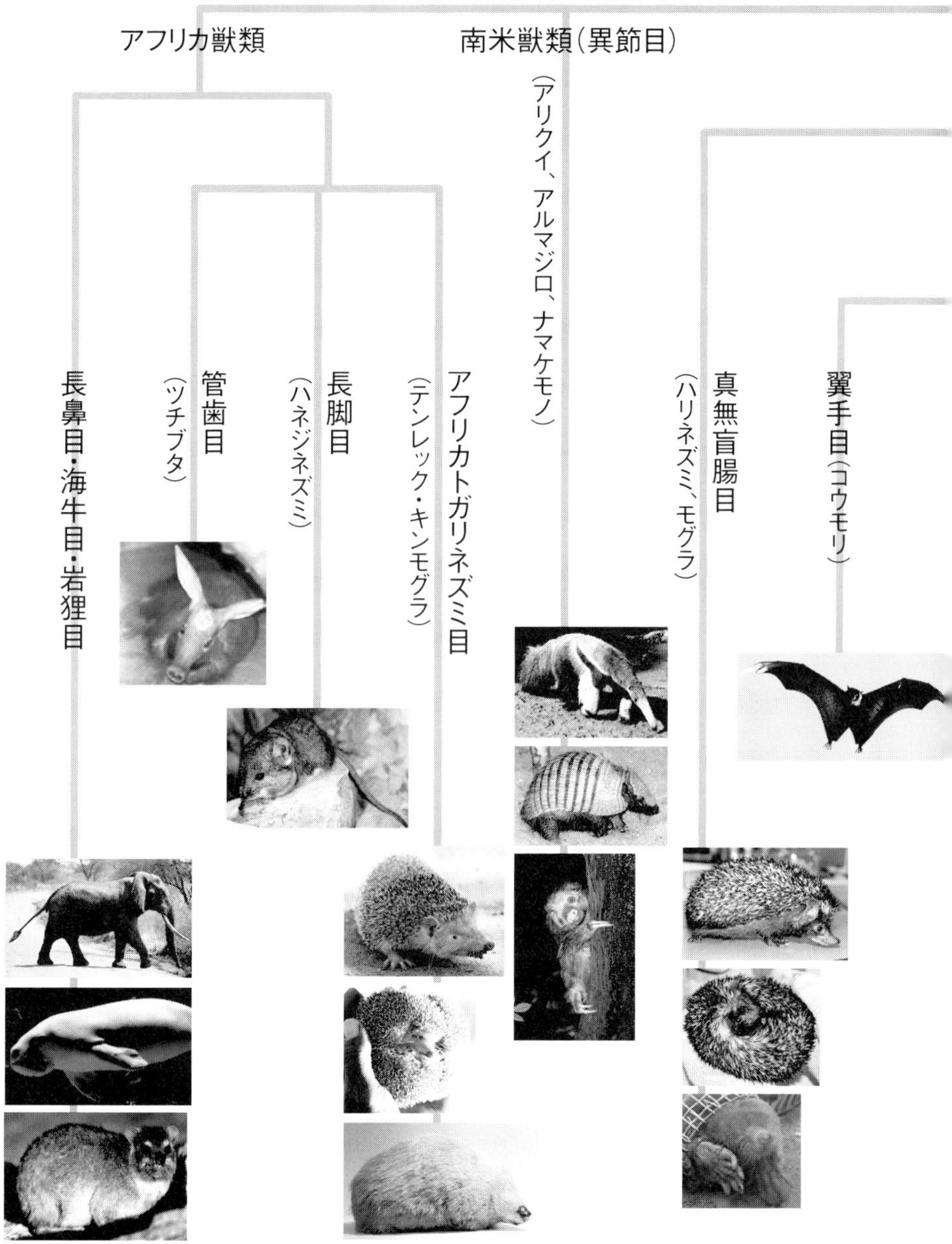

図1:分子系統学から明らかになった真獣類の系統進化[長谷川(2007)を改変]

るということであろう[3][4][5]。

三つのグループのなかで一番小さいのが、南米起源の異節目（Xenarthra）であり、アリクイ、アルマジロ、ナマケモノなどを含む（南米獣類）。

二番目がゾウ（長鼻目）、ジュゴンとマナティー（海牛目）、ハイラックス（岩狸目）、ツチブタ（管歯目）などアフリカ起源の動物から構成されるもので、これらはアフリカ獣類（Afrotheria）と呼ばれる。

三番目が残りすべての真獣類を含む最大のグループで、北方獣類（Boreotheria）と呼ばれる。

大陸移動と進化の歴史

分子系統学からわかったことは、アフリカ固有のハネジネズミ、キンモグラ、それにマダガスカルのテンレックもこの仲間だということである。実は、テンレックやキンモグラは、従来は食虫目に分類されていた。図1

にあるテンレックと呼ばれるもので、外見的にはハリネズミにそっくりである。また、キンモグラは地下生活に適応していて、モグラにそっくりである。従って、テンレックやキンモグラがハリネズミ、モグラなどと同じ食虫目に分類されたのは、当然のことであった。

ところが、分子系統学からこれらはハリネズミ、モグラなどの仲間ではなく、ゾウ、ジュゴン、ハイラックスなどの仲間であることが明らかになってきたのである。そうなると、ハリネズミそっくりのハリテンレック、モグラそっくりのキンモグラなどは、同じような生息環境に適応したための収斂（しゅうれん）進化の結果だということになる。

図2に、およそ一億年前の白亜紀の大陸の配置が示してある。南半球の超大陸であったゴンドワナは、一億五〇〇〇万年前くらいからいくつかの大陸に分裂をはじめ、およそ一億年前にアフリカ大陸と南米大陸が分かれた。その後、およそ一八〇〇万年前にアフリカがユーラシアと、また三〇〇〇万年前に南米が北米と陸続きになるまでのあいだ、アフリカと南米はほとんど孤立した大陸であった。

北方獣類
アフリカ獣類

図2：1億年前の大陸の配置と真獣類の系統進化[菊谷詩子画]

アフリカ獣類と南米獣類はその間それぞれの大陸で、独自の進化を遂げたものと考えられる。このように大陸移動の歴史が、真獣類の進化と密接に関わっていることが明らかになってきた。このことは、分子系統学によって、ハリテンレックやキンモグラがハリネズミやモグラとは別のアフリカ起源の動物の仲間（アフリカトガリネズミ目）であることが明らかになったおかげで、地理的分布と系統との関係が浮き彫りになって出てきた考え方である。

イヌやクジラの仲間、ローラシア獣類

本書の主役である皮翼目ヒヨケザルは、北半球のローラシア起源の北方獣類に属する。北方獣類は図1にあるように、ローラシア獣類（Laurasiatheria）と真主齧類（Euarchontoglires）という2つのグループから成る。

ローラシア獣類には、ウシ、カバ、ブタ、ラクダなど蹄の数が偶数の偶

蹄類とクジラを合わせた鯨偶蹄目、ウマ、サイ、バクなどの奇蹄目、ネコ、イヌ、クマ、イタチ、アシカ、アザラシなどの食肉目、センザンコウの有鱗目、コウモリの翼手目、ハリネズミ、モグラなどの真無盲腸目が含まれる。

従来はクジラ類と偶蹄類は別々の目に分類されていたが、分子系統学からクジラが偶蹄類のなかでも特にカバと近縁であることがわかり(6)、いわゆる偶蹄目が一つの系統の動物だけをくくった単位でなくなったために、クジラと合わせた鯨偶蹄目という分類単位が使われるようになってきた。

またかつては、アシカ、アザラシなどを鰭脚目とする分類もあったが、分子系統学からは鰭脚類が食肉目のなかでも特にイタチ類に近縁であることが明らかになり(7)、今日では鰭脚類は食肉目のなかに分類されるようになった。

先に述べたようにハリネズミ、モグラなどはテンレック、キンモグラなどとともに食虫目に分類されていたが、この二つのグループは近縁でないことが明らかになったため、ハリネズミ、モグラなどは真無盲腸目と呼ばれるようになった。

現在、アジアとアフリカに分布するセンザンコウは、南米のアルマジロと外見的に似ているために、アルマジロ、アリクイ、ナマケモノとともに貧歯目に分類されたこともあったが、分子系統学からは食肉目に近いことがわかり、今日では独自の目である有鱗目に分類される。

コウモリは主獣類からローラシア獣類へ

翼手目コウモリがローラシア獣類のもう一つの目であるが、コウモリが分類学的にこの位置に落ち着くまでには紆余曲折があった。コウモリは自力で空を飛べるように進化した唯一の哺乳類であるが、滑空するように進化したヒヨケザルとの形態的な共通点も多く、これらはツパイ（登攀目）とともに霊長目の仲間と考えられていた。そのため、翼手目、皮翼目、登攀目、霊長目はあわせて主獣類（Archonta）と呼ばれていた。

ところが、一九九八年にジャマイカフルーツコウモリのミトコンドリアDNAの全塩基配列が決定され、その結果、コウモリは主獣類ではなく、ローラシア獣類に属することが明らかになった(8)。ただし、翼手目は大翼手亜目（大コウモリ）と小翼手亜目（小コウモリ）とに大別されるが、この二つは起源が別で、大コウモリが霊長目に近いという形態学者もいた。ミトコンドリアＤＮＡの解析からローラシア獣類に近いことが明らかになったジャマイカフルーツコウモリは、小コウモリであるから、大コウモリは主獣類に属するという可能性は残されていた。そこで二階堂ら(9)は、沖縄のクビワオオコウモリのミトコンドリアＤＮＡの全塩基配列を決定して、この問題を解析した。その結果、大コウモリと小コウモリは一つのグループを形成し、さらに単系統の翼手目が主獣類にではなく、ローラシア獣類に属することが明らかになった。

決め手はレトロポゾン

コウモリはクジラとならんで、真獣類のなかでも特別に特殊化したグループなので、ローラシア獣類のどのあたりから進化したかという問題は興味深い。DNA塩基配列の統計的な解析からは、ハリネズミ、モグラなど真無盲腸目に近いという可能性が示唆されたりしたが、限られた長さの配列データからの推定は誤差が大きく、はっきりした結論が得られなかった。

西原ら(4)は、レトロポゾンの挿入を調べることによって、この問題に初めてはっきりとした答えを与えた。レトロポゾンとは、ゲノム中に散在する転移性因子で、自分自身のコピーをゲノム中のいろいろな場所に挿入することがある。異なる系統で、ゲノム中の同じ場所に、同じレトロポゾンが独立に入り込む確率は極めて低いので、同じレトロポゾンがゲノム中の同じ場所で見つかったら、それは二つの生物の近縁性を示す証拠と考えることができる。

このような方法で、翼手目、奇蹄目、食肉目に共通のレトロポゾンの挿入が四か所見つかり、これらが単系統のグループであることが示された。ウマに代表される奇蹄類と空を飛ぶコウモリの近縁性を表わすのに、ギリシャ神話のペガサスにちなんで、このグループはペガソフェラエ

(Pegasoferae: ペガサス野獣類) と呼ばれる。ここでフェラエとは、もともと食肉目 (＋有鱗目) を指す。

西原ら(4)はまた、真獣類が南米獣類、アフリカ獣類、北方獣類の三つの大きなグループに分かれることを示すレトロポゾン挿入の証拠も示している。

このように、コウモリと奇蹄類、食肉類の近縁性が明らかになったが、そのようなことを示す形態的な証拠は見つかっていない。コウモリは著しく特殊化しており、現生の奇蹄類、食肉類もそれぞれに特殊化しているため、コウモリとの共通祖先がどのような動物であったかを知ることは、容易ではない。しかしながら、分子系統学で得られた系統樹をもとに、今後現生種および化石種の形態を調べることにより、コウモリの進化についての理解が深まるであろう。

ヒヨケザルとヒトの仲間、真主齧類

ローラシア獣類とならぶ北方獣類のもう一つの大きなグループが真主齧類（超霊長類）である。英語ではEuarchontogliresと呼ばれるが、霊長類に近いグループということで、Supraprimatesともいう。これには、霊長目、皮翼目、登攀目、齧歯目、兎目が含まれる。

形態学から齧歯目と兎目の近縁性は古くから指摘されていて、この二つの目をあわせてグリレス類（Glires）と呼んでいる。

さらに真主齧類におけるグリレス類の姉妹群が真主獣類（Euarchonta）である。先に述べたように霊長目、皮翼目、登攀目、翼手目で構成されていた主獣類（Archonta）から翼手目コウモリが外れたために、残ったものを真主獣類と呼ぶようになった。つまりこれが霊長類とその仲間というわけである。

霊長類に一番近い親戚はヒヨケザル？

霊長目、皮翼目、登攀目の三つの目が、真主獣類を構成しているが、われわれヒトが属する霊長目に一番近縁な目がどれかということは、ヒトの起源を考える上でも重要な問題である。

翼手目コウモリが霊長目の親戚の候補から外されたあとも、真主獣類を構成している三つの目のあいだの系統関係はなかなかはっきりしなかった。登攀目が霊長目に近いとする説、皮翼目が霊長目に近いとする説、皮翼目と登攀目が近いとする説があり、用いる遺伝子や解析方法の違いによって、それぞれの説を支持する結果が得られたのである。

分子系統学は、形態レベルでよく見られる収斂進化などに惑わされずに、正しい系統樹を推定するための強力な武器である。しかし、解析に用いる配列が短いと、分子系統樹推定の誤差も大きく、得られた系統樹以外の仮説も棄却することはできない。

また、現存する生物のもつＤＮＡの塩基配列データから過去の進化の歴史を推測する際に、進化における塩基置換の法則をモデル化する必要がある。そのモデル、つまり前提とする仮定が現実とかけ離れていると、推定に偏りが生じて、間違った系統樹が選ばれてしまうことがある。

特に、三者の分岐が地質学的に短い期間に続けて起こった場合には、分岐の順番をはっきりと決めることが困難になる。

このように分子系統学には困難な問題があるが、問題点を回避する方法もある。ペガソフェラエのところで紹介したレトロポゾンの挿入を調べる方法がその一つである。

レトロポゾンがゲノム中の同じ場所に独立に挿入される確率は非常に低いので、同じレトロポゾンがゲノム中の同じ場所で見つかったら、それは二つの生物の近縁性を示す証拠と考えられる。レトロポゾンの挿入ほど強力な証拠ではないが、DNAの塩基やたんぱく質のアミノ酸などが数個の単位で挿入したり欠失したりする現象も系統関係を明らかにする上で役に立つ情報を与えてくれる。

「皮翼目・霊長目近縁説」は実証できるか

Janeckaら[10]は、ヒヨケザル、ツパイを含む真主齧類のゲノム規模の塩基配列データからたんぱく質をコードしている領域を選び出して、アミノ酸の挿入・欠失を調べた。たんぱく質の特定の場所で、アミノ酸配列の断片が独立に挿入したり欠失したりする可能性は低いので、異なる系統で同じ挿入・欠失があれば、系統的に近縁である証拠と考えることができる。彼らは霊長目と皮翼目に共通のアミノ酸配列断片の欠失を七か所見出した。登攀目にはそのような欠失はなかった（図3）。

一方、皮翼目・登攀目近縁説を支持する挿入・欠失は見つからず、登攀目・霊長目近縁説を支持する挿入・欠失が一か所見つかった。このように矛盾した挿入・欠失が見つかるということは、同じような挿入・欠失が登攀目と霊長目とで独立に起こった結果だと解釈される。従って、挿入・欠失は系統関係を明らかにする上で完璧なものではないが、七対一と圧倒的な比率で皮翼目・霊長目近縁説が支持されたのである。

枝の上の矢印は、たんぱく質におけるアミノ酸の挿入・欠失を示す。つまり、霊長目と皮翼目に共通の7つのアミノ酸の挿入・欠失、さらに霊長目、皮翼目、登攀目に共通の3つのアミノ酸の挿入・欠失が、この系統関係を支持している [Janecka ら (2007)]

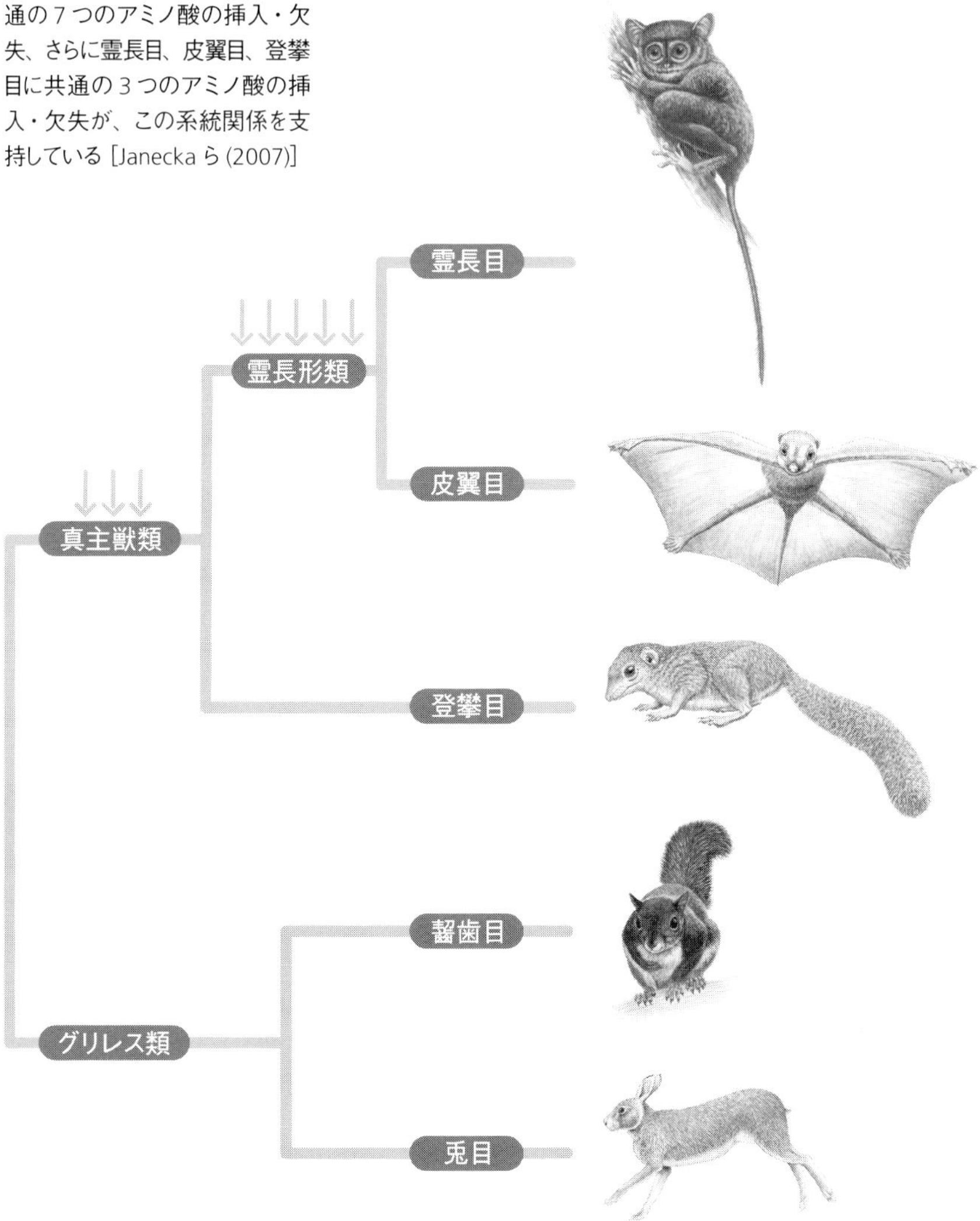

図3：分子系統学から明らかになった真主齧類の系統関係[菊谷詩子画]

さらに彼らは、いろいろな遺伝子の断片をあわせたおよそ一万四〇〇〇塩基の配列データを統計的に解析して、同じく皮翼目・霊長目近縁説を強く支持する結果を得た。こうして霊長目に一番近い親戚を初めてはっきりと示すことができた。

皮翼目と霊長目をあわせて霊長形類 (Primatomorpha) という。Janeckaら(10)はまた、真主獣類の単系統性を示す三つのアミノ酸の挿入・欠失を見出している。従って、皮翼目の次に霊長目に近いのは、登攀目だということになる。

進化の起った年代はいつ頃か

分子系統学は系統樹における枝別れの順番を明らかにするだけではなく、枝別れがいつ頃起ったかについても、ある程度の手掛かりを与えてくれる。それは分子時計を使う方法である。形態レベルの進化速度は、系統によってまちまちである。

生きた化石と呼ばれるシーラカンスは一億年以上の長いあいだ、形態的にはあまり変化していないが、その間に真獣類はコウモリ、クジラからヒトに至るまで実に多様な形態を進化させた。それに対して、分子レベルの進化速度は比較的一定に近い。

生きた化石シーラカンスでも、分子レベルでは結構たくさんの変異を蓄積しているのである。このような分子進化速度の一定性を分子時計という。従って、分子時計を使って、進化の年代推定ができるのである。

ただし、分子時計といっても本当の時計のように一定の速度で時を刻んでいるわけではない。形態レベルの進化に比べると、はるかに一定に近いということであり、実際にはさまざまな原因で系統によって進化速度が速くなったり、遅くなったりしている。

最近では、進化速度のそのような変動の影響を取り入れた上で、分岐の年代推定を行う統計的な方法が開発されている。

図4に、Janeckaら(10)が一万四〇〇〇塩基の配列データから推定した分岐年代が示されている。この系統樹の根元である真主獣類とグリレス類と

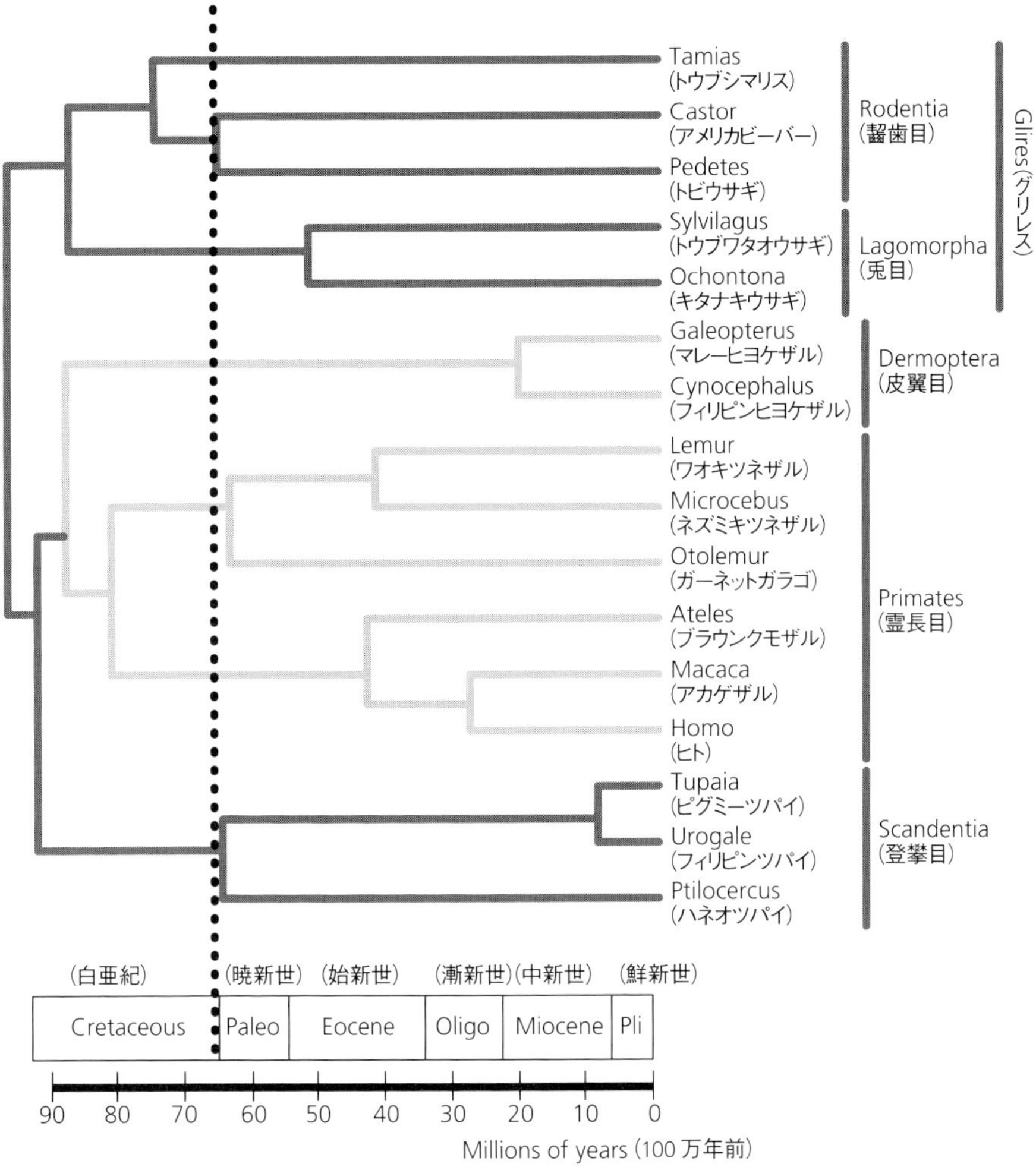

図4：真主齧類の進化の年代[Janeckaら(2007)のFig.2を改変]

の分岐を九一〇〇万年前とし、その他に化石上の証拠からいくつかの分岐点に制約を入れて推定されたものである。

ここで使われた制約とは、ヒトとアカゲザルの分岐が二三〇〇万年前よりは古い、ヒトとクモザルの分岐が三六〇〇～五〇〇〇万年前までのあいだ、ヒト、アカゲザル、クモザルなど真猿類とキツネザル、ガラゴなど原猿類との分岐が六三〇〇～九〇〇〇万年前までのあいだ、登攀目の根元（ハネオツパイとほかのツパイとの分岐）が四三〇〇万年前よりも古い、齧歯目の根元が五五〇〇万年前より古い、兎目の根元が三七〇〇万年前より古い、などである。

年代推定は誤差を含むので、当然推定された分岐年代は幅をもつ。真主獣類とグリレス類の分岐は、八八八〇万年前（七三二〇万年～一億一〇〇万年前までのあいだ）、登攀目が霊長目・皮翼目と分かれたのが、八七九〇万年前（七二六〇～九九九〇万年前までのあいだ）、皮翼目が霊長目と分かれたのが、八六二〇万年前（七一三〇～九七九〇万年前までのあいだ）と推定された。

このように、霊長目に至る系統から、グリレス類、登攀目、皮翼目が次々に分かれていったわけであるが、そのような分岐が白亜紀の比較的短期間のあいだに起ったことが示唆される。そのために、いろいろな分子系統学的な研究があったにも関わらず、Janecka ら(10)の論文が出るまでは、分岐の順番がはっきりしなかったのであろう。

共通祖先からの進化が課題に

こうして皮翼目ヒヨケザルが霊長目に一番近い親戚であることがわかった。分子系統学は系統関係を明らかにする上で強力な方法ではあるが、決して完全なものではないので、この結論が将来くつがえる可能性がないとはいえないが、現在のところかなり強固な結論と考えてよいであろう。

次の問題は、皮翼目ヒヨケザルと霊長目の共通祖先から、われわれヒトを含む霊長目がどのように進化してきたかということであるが、これは分子系統学の範囲を超える問題である。しかしながら、これまで霊長類の一番近い親戚がどれかということがはっきりしなかったのに比べると、はるかにわれわれの地平が広がったといえる。

分子系統学は進化を研究する際の出発点を与えるものである。分子系統学の示したこの系統関係をもとにして、現生種だけでなく化石種を含めた形態学的な研究や、さらに発生学的な研究を進めることによって今後、皮翼目ヒヨケザルとの共通祖先からわれわれヒトを含む霊長目がどのように進化してきたかについての理解が深まるであろう。

引用文献

(1)Horai, S. *et al*. (1995) *Proc. Natl. Acad. Sci. USA* 92:532-536.
(2) 長谷川政美 (2007) 総研大ジャーナル No.12, 14-17.
(3)Waddell, P., Okada, N. & Hasegawa, M. (1999) *Syst. Biol*. 48: 1-5.
(4)Murphy, W.J. *et al*. (2001) *Science* 294:2348-2351.
(5)Nishihara, H., Hasegawa, M., Okada, N. (2006) *Proc. Natl. Acad. Sci. USA* 103: 9929- 9934.
(6)Nikaido, M., Rooney, A.P., Okada, N. (1999) *Proc. Natl. Acad. Sci. USA* 96: 10261-10266.
(7)Yonezawa, T. *et al*. (2008)
(8)Pumo, D.E. *et al*. (1998) *J.Mol.Evol*. 47:709-717.
(9)Nikaido, M. *et al*. (2000) *J.Mol.Evol*. 51:318-328.
(10)Janecka, J.E. *et al*. (2007) *Science* 318:792-794.

解説

その二

ヒヨケザルの飛行の特色

航空力学の目で見てわかること

東京大学名誉教授
東　昭

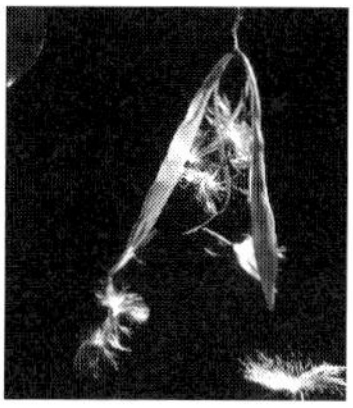

図１：テイカカズラの種子［写真：栗林 慧］

飛ぶ生きものは多い。大きさはさまざまで、小さなものは一〇〇分の一ミリメートル単位の花粉から、大はメートル単位の鳥まで、著しい差がある。植物では、花粉や胞子が何らの飛行用具を持たないで空中を漂う。彼らは、小さいものにとって蜂蜜のような粘りのある空気の中を、ゆっくりと下降してゆく。そして、ちょっとした風でも舞い上がり、広い地域に広がる。

これに対して植物の種子(たね)は、大きさがミリメートル以上になるので、飛行用具なしでは重力の影響で親の草木の根元にぽとんと落下してしまう。分散して生育する地域を広げるためには何らかの工夫が必要である。

例えばタンポポやテイカカズラなどの小さな種子（図1）は、冠毛(かんもう)と呼ばれる細長い毛の集まりを落下傘のように開き、降下速度を毎秒三〇センチメートル以下に抑えることで、まわりを吹く風に乗って飛んでゆく。

環境に適した翼をもつ種子

もっと大きい種子は、翼を使って滑空するので翅果(しか)と呼ばれる。翼が空気の中を動くと、図２に見られるように、生きものが飛んでいく方向と平行で後向きに抗力（D）という抵抗力が働く。また、動く方向と直角に上向きの揚力（L）と呼ばれる力が働く。

生きものの飛行は、抗力と揚力の両方の力を合わせた空気力（R）が地面に対して真上を向き、下向きに働く重力（W）と釣り合い少しずつ降下してゆく。この飛行は、グライダーの飛行と同様に、滑空飛行と呼ばれる。

種子がある高さから飛び出したとき、滑空飛行では、揚力と抗力との比の揚抗比（L:D）が、水平飛行距離と高さとの比（s:h）の滑空比に等しい。

滑空飛行で遠方に飛ぶには、揚抗比を大きくすることと高い所から飛び出すことが必要である。

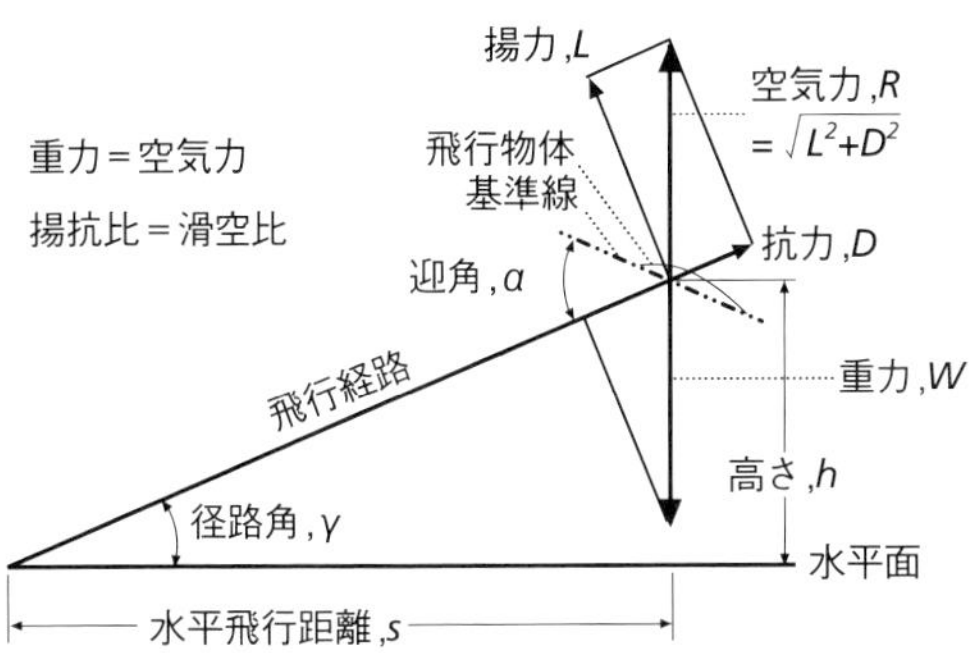

図2：定常滑空飛行

翅果には、大きく二タイプあり、翼の

中央前寄りに種子がついていて滑空するものと、翼の端に種子（たね）がついていて回転しながら降下するものとがある。

例えば、翼の中央前寄りに種子がついているアルソミトラ・マクロカルパ（図3）は、風の弱い熱帯の森で滑空分散する。この翅果の重心位置は滑空比が最大約４になるように配置されており、弱い風の中を安定して飛ぶのにふさわしい形状をしている。翼面積が大きいので、毎秒の高さの低下を表す降下率は毎秒約三〇センチメートルと小さい。雨期の直前、高い木の枝に捲きついた蔓にぶら下がった実（み）の殻から、四〇〇枚ほど詰まったアルソミトラ・マクロカルパの翅果は一個ずつ弱風に払い出されて飛び出してゆく。

一方、カエデ（図4-1、4-2）のように翼の端に種子のついたものは、強い風の吹く日本などの温帯の森で、秋の強風に誘われて親元を離れる。落下がはじまるやいなや自動的に翅果は回転して、回転翼が降下率を毎秒一メートルほどに抑える。風の強い温帯地方ではそれでも十分遠くまで運ばれる。

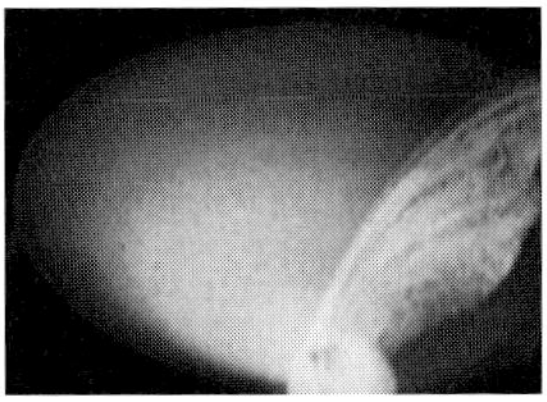

図 4-2：自動回転中（ストロボ光により露出、約 1000rpm）

図 4-1：翼の端に種子がついているカエデ。種子の平面形状

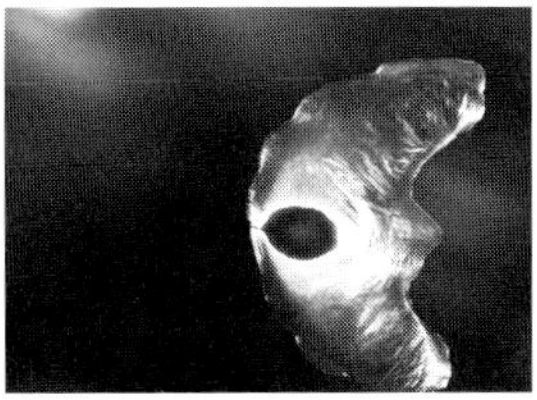

図 3：翼の中央前寄りに種子がついているアルソミトラ・マクロカルパ［写真：栗林慧］

長時間飛行できる鳥の翼の特徴

動物では昆虫や鳥も翼を使って飛行する。大型の鳥はエネルギーを多く使う羽ばたき飛行よりは、エネルギーが少なくて済む滑空飛行を好む。翼は、横に細長いほど、上向きに働く揚力が後ろ向きに働く抗力より大きくなり、揚抗比が大きくなる。言い換えると、翼の左右の端から端までに相当する翼幅の二乗と翼面積との比、つまりアスペクト比が大きいほど、滑空比が大きくなり遠くまで飛ぶことができる。このような理由で、より長い滑空飛行をしたい大型の鳥の翼幅は、翼面積の大きさの割に相対的に大きくなる。

例えば、トビ（図5）のような大型の陸鳥は、ほどほどのアスペクト比をとる細長い長方形の翼を持つ。そのような翼で上昇気流の得られる斜面や町の上空を飛ぶと、滑空比二〇前後で飛行を長く続けることができる。

図５：細長い長方形の翼を持つ大型の陸鳥トビ［写真：東京新聞　堀 洋介］
図６：陸鳥よりもさらに細長い翼を持つ大型の海鳥アホウドリ［写真：山階鳥類研究所　佐藤文男］

アホウドリ（図６）のような大型の海鳥は、陸鳥よりさらに翼幅の大きい、つまり細長くアスペクト比の大きい翼を持ち、滑空比を約四〇近くにまで大きくすることで、上昇気流の得難い海上で遠距離・長時間の飛行を行う。

なぜ森の中で飛ぶのか

森の中の樹上で生活するリスのような生きものは、図７の点線で示される径路のように、木の幹を伝わって地面に降り、そこを走って再び隣りの木の幹を登る。しかしこのような方法では、エネルギーを多く使うばかりでなく、天敵に襲われる危険があるので避けたい。したがって、近くの枝から枝へと跳び移るか、蔓を伝わって綱渡りをするほうがよい。

ヒヨケザル同様、滑空飛行することで知られる同じ哺乳（ほ）類のムササビが棲んでいる日本のような温帯の森林は、木と木の間隔が短く、木の梢（こずえ）（樹冠）の凸凹も少ない。高低差がゆるやかな上に、樹間を結ぶ蔓植物が多いので、木々を渡り歩ける。したがって、ムササビのような翼を必要とする滑空生物の種類は少ない。

他方、ヒヨケザルが棲む熱帯の森は、高い木と木のあいだが離れていて、樹冠の高低差は大きく、蔓植物も少ない。このような環境で生きていく際に翼があれば、図7の実線のように、滑空飛行で少し離れた木にも移ることができる。こうしたメリットがあるので、ヒヨケザルは進化の過程で翼を獲得したのであろう。

ヒヨケザルのように飛膜（ひまく）で飛ぶ爬虫類や両生類もいるので簡単に紹介しておこう。代表的なものはトビトカゲ（図8）とトビヘビ、それに両生類のトビガエルである。

これらの動物は、翼幅が狭くアスペクト比が一以下と小さいので、滑空比も四以下と小

図7：リスとムササビの走行と滑空の経路

さい。トビトカゲは適度の滑空ができるが、トビガエルは四肢別々にアスペクト比の小さい翼があるので、一つにまとまった翼に比べて滑空比はさらに小さい。トビヘビは、体をリボンのように薄く広げた上に、蛇行運動で尾を大きく左右に振るので、斜めになった体が翼幅を広げた形となって滑空比は意外と大きい。

短い翼は熱帯の森に適している

さて、以上のようにさまざまな生きものの飛行の特徴を踏まえた上で、ヒヨケザル（図9）とムササビ（図10）の飛行について見ていこう。

まず、両者共に翼は、四肢を横に張り出したときに、そこに張られた膜翼で形成される。翼面積の割に翼幅はそれほど大きくない。翼の平面形は膜翼の広げ具合で若干変えられ、そのねじりや翼型の反り具合は、手足の曲げ伸ばしや移動で調節できる。このため、滑空姿勢や飛行径路の変更が可能である。

鳥のように翼幅は大きくないので、密生した樹間の飛行は容易だが、滑空比は小さいので遠くへは飛べない。

高い木の枝から勢いよく飛び上がっても（図7右の経路）、いきなり降下しても（図7左の経路）、はじめは重力で降下し、速度がついてくると滑空飛行に入る。目的の木が離れていると着陸は木の幹の下のほうになる。

両者共にアスペクト比は一前後で、ヒヨケザルは五角形、ムササビはほぼ正方形に近い形の膜翼で滑空飛行する。どちらも滑空比は五以下と小さいので、少しでも翼の幅を広げるために四肢をいっぱいに張り出す。

このような翼の特色はどのようなものなのだろうか。

図8：トビトカゲ[写真:栗林 慧]

図9：ヒヨケザル[写真:片山龍峯]

図10：ムササビ[写真:吉良幸世]

一　翼の空気力学的な特性は、上から見た平面形と、横から見た翼断面形（翼型）とで定まる。翼面積の割に翼幅の小さい翼では、その平面形の影響のほうが大きい。

二　飛行方向に対する翼平面の傾きの迎角（図2、α）が大きくなると、はじめのうちはほぼ角度に比例して揚力は増す。しかし迎角が四〇度前後になったとき、アスペクト比の小さい生きものは、アスペクト比の大きい大型の鳥に比べて同じ面積、同じ速度で得られる最大揚力や最大空気力が二倍近くに増す。

これらの特徴は、直立する木に着陸する際に有効に働いてくる。

なぜ直立する木に激突しないのか

いったん飛び出したヒヨケザルやムササビは、直立する木の幹に着陸しなければならない。その際に、体を定常滑空姿勢から引き起こして、翼の迎角を地面に対して九〇度にしなければ、頭から木に突っ込んでしまう。

図11：ヒヨケザルが木の幹への着陸するところ[写真:片山龍峯]

鳥のようにアスペクト比の大きい翼では、このような大迎角になると、まわりの空気の流れが翼から剥離して上向きの揚力をつくる機能を失い、失速してそのままだと落下してしまう。したがって鳥は翼幅を縮めるか、烈しく羽ばたいてこれに対抗する。

幸いなことに、翼幅の短いヒヨケザルやムササビは、大迎角でも、翼面を十分背側に凸に反らせて流れの剥離を防ぎ、翼は機能を失うことなく、最後には迎角が九〇度に達しても安全に着陸できる（図11）。翼面の内側に尾のあるヒヨケザルでは、このとき、翼の後縁の反りは尾の部分で特に大きく、低速着陸ができる。

ムササビとの違い

もう少し詳しくヒヨケザルとムササビの翼を見ていこう（図12）。彼らの膜翼の張り方で一番大きな違いは、ムササビの手足や尾が膜の外であるのに対し、ヒヨケザルは、手足にも膜が張られて膜翼に含まれるばかりでなく、尾の両側にも膜が張られ、尾も膜翼の内側に取り込まれていることである。

すなわち、ムササビのほぼ正方形の翼に対して、ヒヨケザルの翼は、尾の部分の三角形が加わった五角形の平面形をしている。ヒヨケザルはこの三角形の尾の部分の膜翼を下げることで、直立した木に着陸するときになる大迎角の低速飛行が、ムササビ以上に容易になったものと思われる。

さらにこの三角形の尾部は、飛行中ちょうど団扇で煽ぐように、毎秒一〇回ほど上下に振られているのである。この動きで、まわりの空気は後方に送り出され、その反力として前向きに推進力が生まれる。

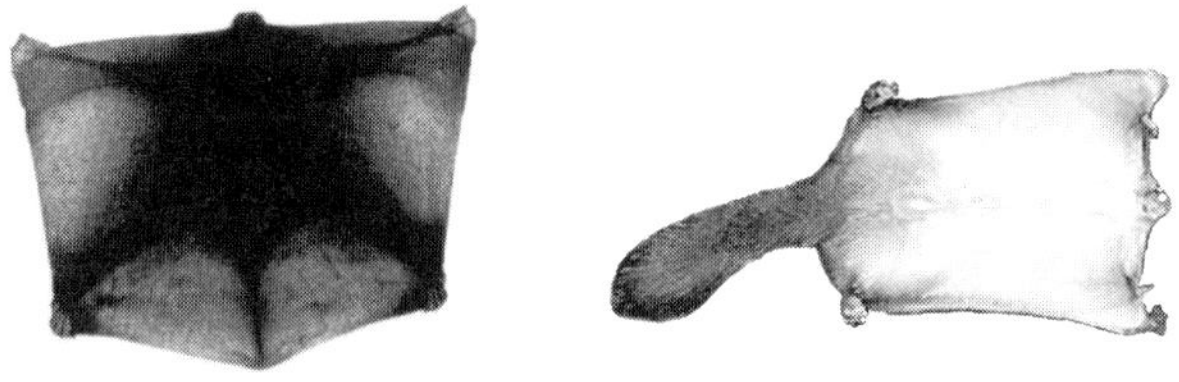

図12：ヒヨケザル(左)とムササビの平面形の比較

もっともこの推進力は、体全体に働く抵抗による抗力を打消してゼロにするほど大きいものではないので、水平飛行は無理であろう。ただ、煽がないときより揚抗比は大きくなり、樹間距離の大きい熱帯の森の中で飛ぶのに相応しい飛行を可能にしている。

解説

その三

マレーヒヨケザルの生態

ジャワ島の調査からわかったこと

北九州市立自然史・歴史博物館学芸員
馬場 稔

マレーヒヨケザル（左）とムササビの滑空の様子[写真左：片山龍峯、写真右：筆者]

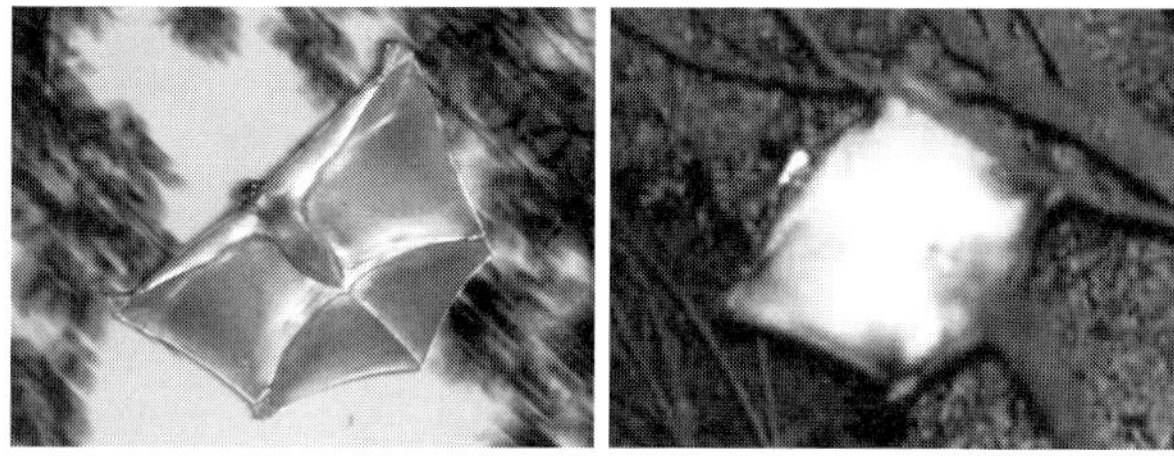

私たちは一九九九年からインドネシアのジャワ島西部でマレーヒヨケザルの生態を調べている。ヒヨケザルを調べることになったきっかけはとても単純で、同じように滑空する哺乳類であるムササビの生活と比べてみたい、と思ったことにはじまる。

私は、学生時代にムササビの生活を観察していたことがある。また、何人もの研究者によって、ムササビの生態は次々と明らかにされてきた。一方で、世界でも東南アジアの一部にだけ棲んでいるヒヨケザルについては、断片的な情報にとどまっていた。一目でも滑空する姿が見られたら、生活の一端でも垣間見ることができたら、という、そんな気持ちだった。

幸い、思ったより観察しやすい動物であることがわかり、調査地を決めて何度も通うことにした。最近、フィリピンヒヨケザルに関する一連の研究[1]がなされ、シンガポールでのマレーヒヨケザルの観察をもとにした美しい本[2]が出版されるなど、ヒヨケザルについても少しずつわかりはじめている。ここでは、私たちの調査をもとに、これらの文献も参考にしてヒヨケザルの生態について詳しく解説してみたい。

滑空する生きものの頂点

マレーヒヨケザルは、メスのほうがやや大きい。私たちの調査地で計測した値は、頭胴長（尾を除いた長さ）がメスは約四二センチメートル、オ

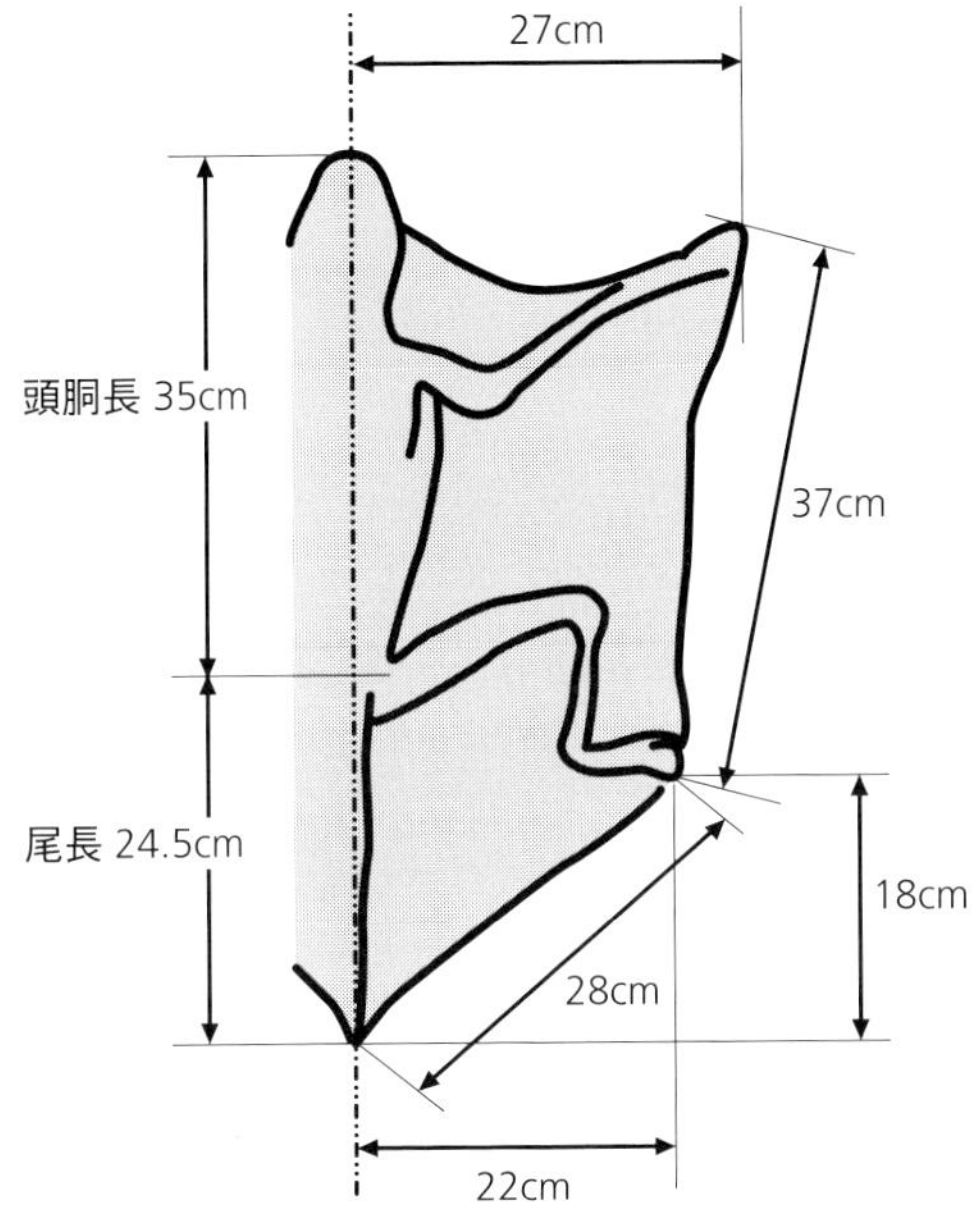

図 1：マレーヒヨケザル(オス)のサイズの一例

スは約三九センチメートル、尾長はそれぞれ約二六センチメートル、約二四センチメートルであった（図1）。一見ネコくらいの大きさだが、体重はメスが約一・八キログラム、オスは約一・五キログラムと、見かけより軽い。

滑空は哺乳類の専売特許ではない。爬虫類にもトビトカゲ、トビヘビ、トビヤモリがいるし、両生類にはトビガエルがいる。魚類のトビウオの飛行も滑空といっていいだろう。哺乳類だけでも、齧歯目（ネズミ目）リス科に分類されるムササビやモモンガの仲間、同じく齧歯目で別のウロコオリス科のウロコオリスの仲間、それに有袋類のフクロムササビやフクロモモンガがいる。そのなかで、ヒヨケザルはもっとも発達した飛膜をもっている。このように、さまざまな系統の動物に見られるということは、滑空という移動様式が何らかの有利な機能を持っていて、何度も独立に進化してきたことを示唆している。

滑空にはいろいろな利点がある。天敵からの逃避、移動のためのエネルギーの節約、そして、分散している餌資源の効率的な利用などである。哺乳類の滑空の進化には、餌資源の分布のありかたとその効率的な利用が大きな意味をもっていると考えられている(3)。

森林、特に熱帯林では一年中、さまざまな植物が利用可能なように思える。しかし、ある時点で見てみると、利用可能な餌資源は分散していて、その分布は変化する。これを効率的に利用するには、滑空という移動様式がエネルギーを節約する上で好適なのだ。ただ、滑空の進化に関してはっきりとした結論がでているわけではない。いくつかの要因が、また、それぞれの分類群で異なった要因が関与しているのかもしれない。

分布を調べにジャワ島へ

現生のヒヨケザルの仲間は、マレーヒヨケザルとフィリピンヒヨケザルの二種に分類されている。前者はマレー地域一帯に、後者はフィリピンに生息している。

図2はヒヨケザル類の分布を示したものだが、この範囲のどこででもヒヨケザルに会えるわけではない。ヒヨケザルは森林に棲む動物だから、森

がないところには当然棲息していない。

調査をはじめる前に、共同研究者であるブアディ博士が勤務しているボゴール動物博物館でマレーヒヨケザルの標本を見せてもらった。標本の一つに付けられていたラベルには「Batavia（バタビア）」という地名が書かれていた。バタビアとは、ジャワ島西部にあるインドネシアの首都ジャカルタの古い呼び名である。日付は「一九二四年四月一日」となっていた。都市化が進んだジャカルタで現在、ヒヨケザルを見ることはできない。しかし、少なくとも一九二四年の時点では、ジャカルタの近郊にもヒヨケザルが棲息する森があったのだ。そこで、現在のジャワ島にはいったいどの程度の棲息地が残されているのか、調べてみたくなった。

分布を調べるために、二つの方法を用いた。一つは、ココヤシの林を見てまわり、昼間に休息している個体を探す方法である。適当なココヤシの林があったら五〇〜一〇〇本くらいを観察して、ヒヨケザルがいるかどうかを探すのである。後述するように、ヒヨケザルはココヤシを昼間のねぐらとして利用し、できるだけ高いところで休む傾向がある。だから、そ

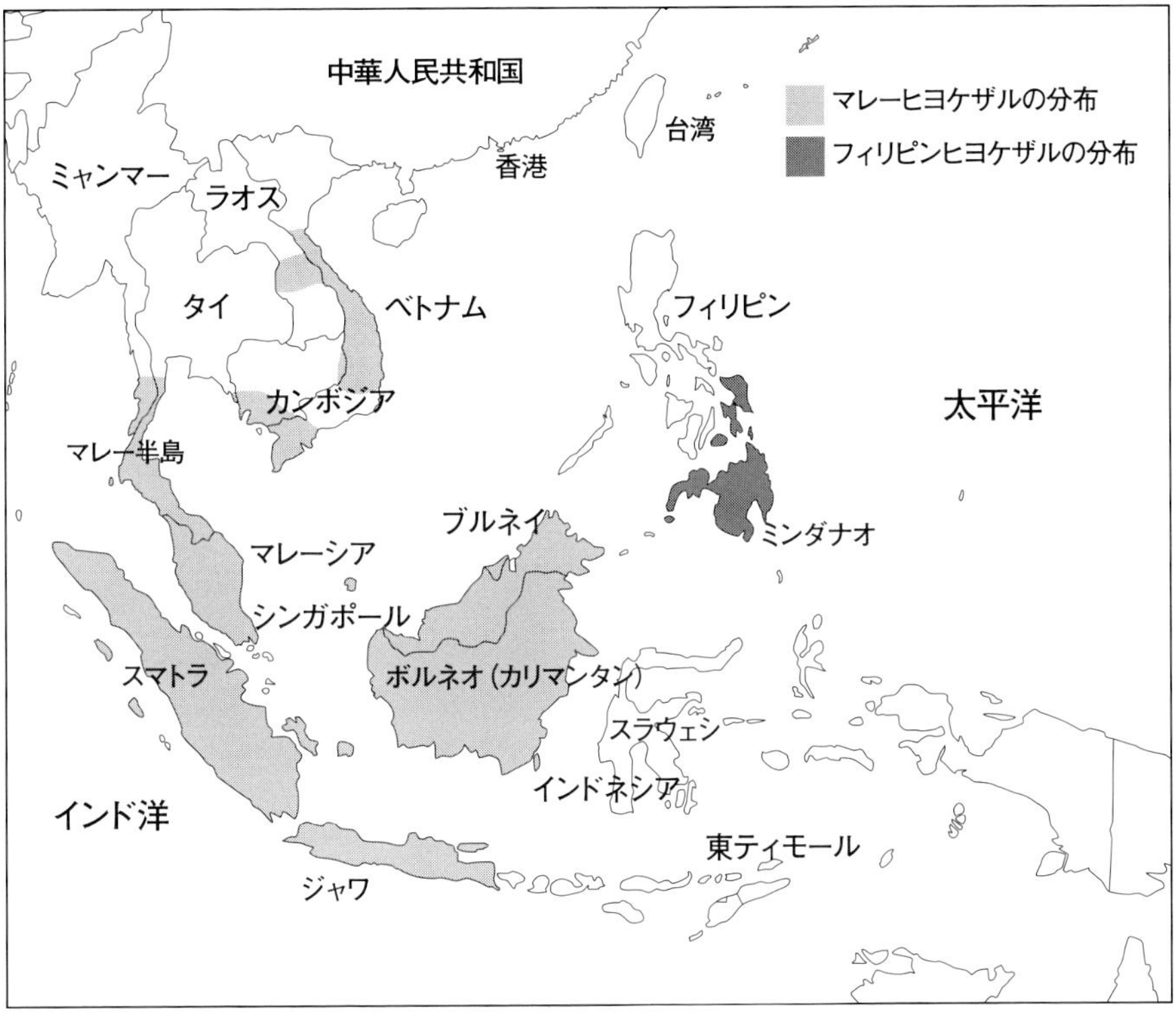

図2：ヒヨケザル類の分布。Lim, 2007をもとに描く

の付近で背が高いヤシを探すとうまく見つかることがある。あるときなど、このあたりでいるとしたらここだよね、といいながら探してみた二〇メートルを超えそうなココヤシに、案の定二頭のヒヨケザルがへばりついていて、こちらのほうがびっくりしたくらいだ。

もう一つは、夜間に待ちかまえていて、あるいは歩き回って、いるかどうかを確かめる方法である。一晩に一か所しか調べることができないし、運良く観察できるかどうかはわからないので、時間もかかる。しかし、国立公園として保護されているような原生林では生い茂った枝葉のために見通しが効かない。ココヤシの林の場合のように休息している個体を見つけるのは困難で、こちらの方法をとった。

島とはいえ、ジャワ島の面積は約一二万七〇〇〇平方キロメートル、東西の距離は一〇〇〇キロメートルにも及ぶ。とても全域をくまなく調査することはできない。西側の三分の一ほどは第一の方法で、残りの地域では、いそうな場所（比較的、林が残されている場所）を候補地として、第二の方法で調査を行った。

まず、西部の五〇か所で調べてみたところ一〇か所で確認できた。その他にも、住民からの聞き取りや文献(4)から三か所の分布がわかった。西部には、まだ広い範囲で棲息していそうである。しかし、それ以外の地域では、中央部南端のPangandaran（パガンダラン）、東南端のMeru Betiri（メル・ブトゥリ）やAlas Purwo（アラス・プルウォ）などいくつかの国立公園に残されているだけで、それぞれの分布地はとびとびになってしまっている（図3）。

ジャワ島はインドネシアではもっとも開発が進んだ島である。特に中部から東部にかけては多くの地域が工業地帯や水田・畑地などといった農耕地として利用されている。山の上のほうまで畑になってしまっている場所も多く、ほとんどヒヨケザルは棲むことができない状況であった。

もちろん、これ以外にも棲息している可能性は残されている。ある動物の分布を調べる場合、一頭でも見つかれば分布していることが確認できるが、「いなかった」という結果をいくら重ねても「いない」ということにはならない。ヒヨケザルは当初考えていたよりもたくましい動物のようである。人家周辺の果樹園にもたくさん棲んでいることが確かめられたものの、そんな場所さえもだんだん少なくなってきているように思える。

棲息数を調べる

いくつかの棲息地を見つけることができたが、その中で安全性、地形、生活条件などを考慮して決めたのがPandeglang（パンデグラン）という町の郊外にある現在の調査地である。およそ一二ヘクタール程度の範囲であまり広いとはいえない。しかし、夜間に歩いて調べるにはこのくらいが限度であったし、観察するには十分過ぎる数のヒヨケザルが棲んでいた。図4に、調査地の概要を示している。道路沿いに人家が並び、ココヤシの林のなかにも人家が点在、川沿いには林が残されていて人家周辺にもさまざまな木が植えられている。

どのくらいの数の動物が棲んでいるのかを調べるのは簡単ではない。ヒヨケザルは夕方の動きはじめのころや移動で滑空するとき以外は目立たな

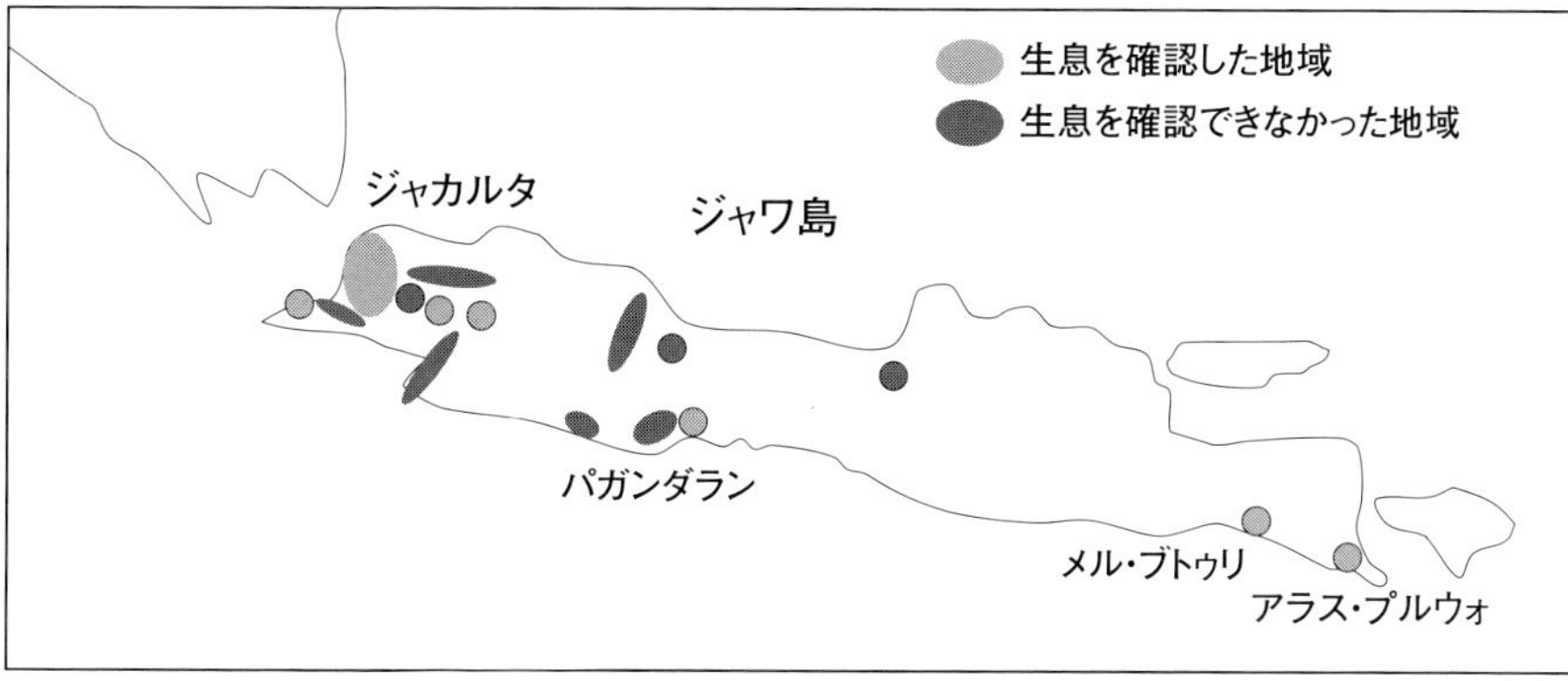

図3：ジャワ島でのマレーヒヨケザルの分布

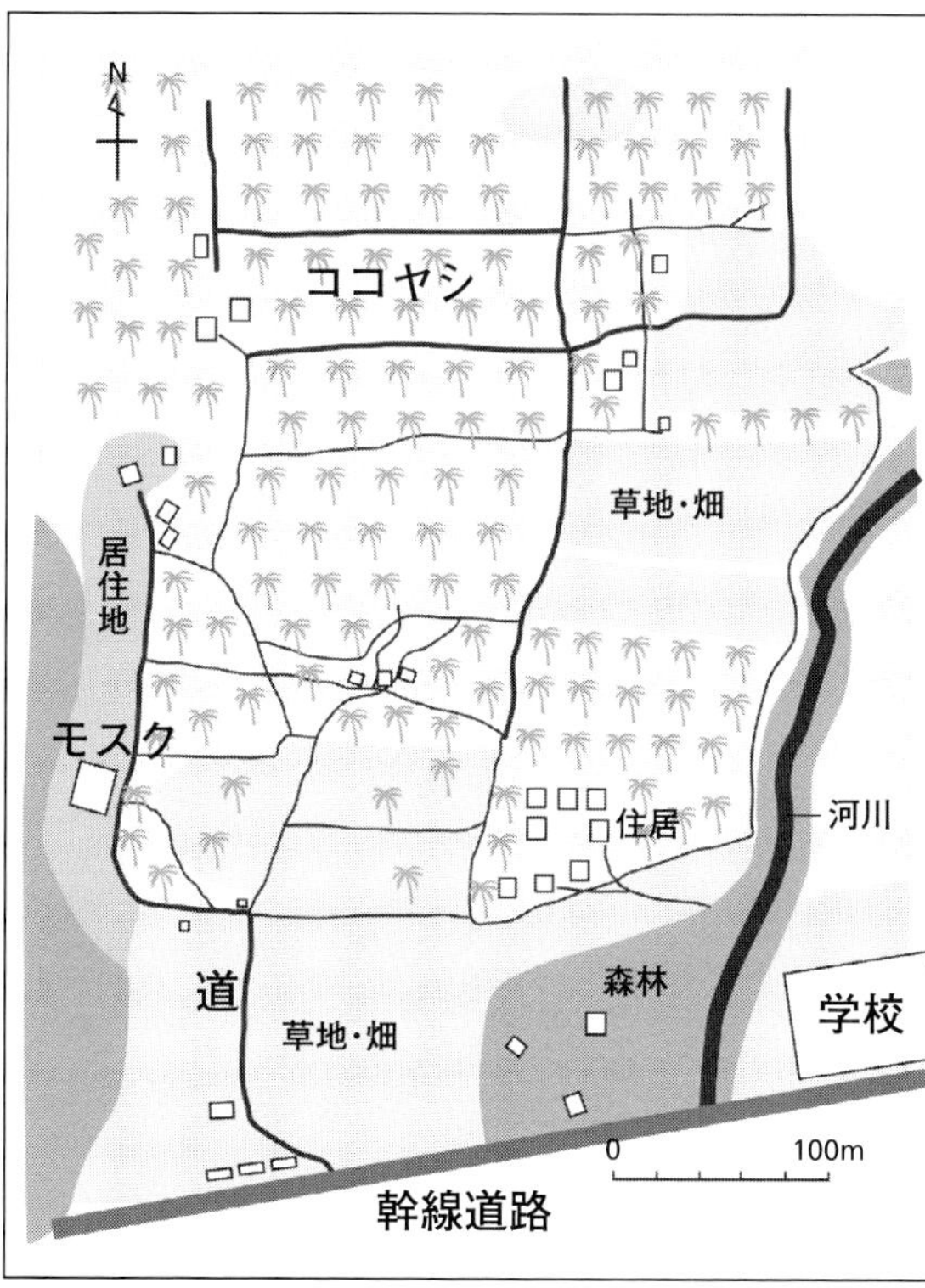

図4：調査地の概念図

い相手である。歩きまわってもなかなか見つからない。それでも、調査をはじめて数日すると、よく餌を食べている場所など観察できる地点がだいたい決まっていることがわかってきた。また、昼間にどこで休息しているかを調べるとかなりの数を見つけることができた。

調査地内で発見された数は最大で一七頭にもなった（表1）。棲息密度は一ヘクタールあたり〇・七八頭から一・七八頭ということになる。ずいぶん差があるように見えるが、最大数を記録した二〇〇三年七月は調査期間が長く捕獲して目印をつけた個体が一〇頭と多かった。目印として発信器を付けてあるので、仮に姿が見えなかったとしても、いることは確認できる。この観察だけで調査をしている場合には、見落としている可能性が高い。この調査時に多く数えられたのはこのせいで、ほかの時期にも見落としの個体が相当数いたものと思われる。結局、このココヤシ農園では、一ヘクタールあたり一・五頭前後が棲んでいると考えて良いようである。

この表からいろいろなことが想像できる。まず、個体数が多いことである。ヒヨケザルは見た感じはネコくらいの大きさである。このくらいの大きさの野生動物が一ヘクタールあたり一・五頭も棲んでいるのは意外であった。

次に、当たり前のことのように思われるかもしれないが、オスとメスの数は同じくらいである。雌雄の比率は、その動物がどのような生活をしているかと関係している。ニホンジカのように、メスとその子どもが群れをつくっていて繁殖期にオスが入り込むような生活をしていれば、一見、メスが多いように見える。ニホンジカでは別に若いオスのグループもいるので雌雄の数はみかけよりは近くなるが、それでもメスが多いことに変わりはない。雌雄がペアをつくって生活している動物では雌雄はほぼ同じ数になり、ニホンカモシカなどがそれにあたる。ヒヨケザルの場合に

表1：調査地で観察されたマレーヒヨケザルの個体数

	1999年11月	2001年3月	2002年6月	2003年7月	2004年8月	2005年9月	2007年3月
オス成獣	2	4	3	6	4	4	6
メス成獣(仔有)	2 (1)	4 (3)	2 (2)	5 (3)	5 (4)	4 (0)	6 (1)
性不明成獣	3	4	4	5	1	3	1
成獣合計	7	12	9	16	10	11	13
独立した幼獣	0	1	1	1	0	0	0
合計	7	13	10	17	10	11	13
調査面積 (ha)	9	12	9	9	12	9	9
成獣密度(頭／ha)	0.78	1	1	1.78	0.83	1.22	1.44

も、雌雄の比率はその社会の在り方を反映しているはずである。

最後に、メスで子どもを持った個体が、ほぼいつでも見られている。これまでに七回の観察を行った。そのなかで、子どもが見られなかったのは二〇〇五年九月の調査時だけである。このときも、ジャワ島の別の地域で子どもをもったメスを観察している。また、それぞれの時期で子どもの体重は図5のようになっている。三月、六月、七月、一一月のどの時期にも体重が一一〇～二八〇グラムの子どもがいるのである。六月、七月には四五〇グラム前後の独立して間がないと思われる幼獣もいたので、同じ時期に発育段階が異なる子どもがいることもわかる。これらのことは、繁殖期は特に決まっていないのではないか、ということを示唆している。

昼間はどこで休んでいるのか?

ヒヨケザルは夜しか活動しない。昼間は、じっと木の幹にしがみついていたり、枝からぶら下がったりして、休息している。樹洞も利用するとされているが、私たちが観察していた地域ではヒヨケザルが入り込めそうな大きな樹洞は見つからなかった。そこで、いったいどんな場所で休息しているのか、調べてみることにした。

調べるためには、昼間にどこにいるのか見つけなければならない。慣れてくると自分で探すことも不可能ではないが、発見できる数には限りがある。幸い、村人の一人にすばらしい目をもった人がいた。彼は、私たちが二〇倍くらいの望遠鏡を使ってようやく確認できるかどうかというくらいに隠れているヒヨケザルも肉眼で見つけてしまう。彼に昼間のあいだに調査地内をくまなくまわってもらい、休息している木に印をつけてもらった。そして、夕方、夜間観察をはじめる前に確認するという方法で調べた。もちろん、捕獲して発信器を付け

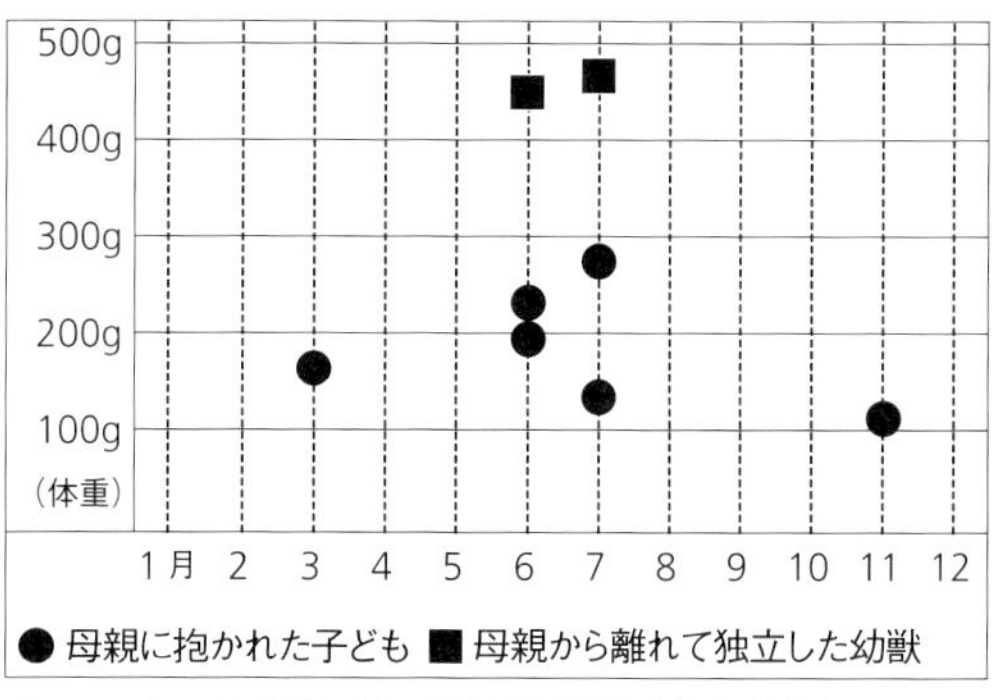

図5：マレーヒヨケザルの月毎の子どもの体重

ている個体は電波の方向から探し出すことができる。いつも地上から見える場所で休息しているとは限らないが、電波の受信状態から休息している木を特定することはできた。

表2に、どの種類の木で昼間休んでいたかをまとめている。一番多かったのは、ココヤシの幹にしがみついていることであった。ココヤシの幹でも、どこでも、というわけではない。葉が広がっている直下、ちょうどヤシが実っているすぐ下あたりにいることがほとんどであった。ココヤシの葉は樹幹のてっぺんに房状に広がり、下のほうの葉は斜め下向きに垂れ下がっていることがある。枯れかけた葉であればなおのこと、しがみついているヒヨケザルを覆い隠すことになる。どうも、ヒヨケザルはこのような外部から見えにくいところを選んでいるようであった。

ココヤシでも、樹幹ではなく葉にしがみついていることもある。葉の根元、中心に近い部分である。何枚もの葉が重なっているので、体全体が見えることはほとんどなかった。そのほかには、チーク、パンヤノキ、ドリアンなどがねぐらとして使われているが、頻度は高くない。

ココヤシの幹と葉で休息するマレーヒヨケザル

表2：マレーヒヨケザルが昼間休息していた樹種

樹種	利用頻度									
	1999年11月		2001年3月		2002年6月		2003年7月		2004年8月	
	例数	%	例数	%	例数	%	例数	%	例数	%
ココヤシ[1]	28	82.4	65	97.0	49	77.8	113	79.6	30	83.3
ビンロウ[2]							6	4.2		
その他[3,4]	5	14.7	2	3.0	8	12.7	21	14.8	6	16.7
不明	1	2.9			6	9.5	2	1.4		
計	34	100.0	67	100.0	63	100.0	142	100.0	36	100.0

1 葉、幹　2 ヤシの一種　3 チーク、パンヤノキ、ドリアン、ランブータン、マンゴーなど　4 幹、枝

この結果から、ココヤシがねぐらとして良く使われているということがいえそうである。どの樹種が使われるかは、そこにどんな木が生えているのかにも影響される。農園だからココヤシが多いことは当然である。それに加えて、地域の人たちは住居のまわりや農園の中に有用な樹種、例えばパンヤノキやドリアンを植えて利用している。このような樹種は、特に人家周辺にはたくさん見られたし、川沿いには自然林も残っている。だから、実際にココヤシを好んで利用していると考えてよさそうである。

ココヤシがねぐらに好適な理由として、下枝がまったくないということがある。捕食者が地面からよじ登ってきたとしても、ヒヨケザルは襲われる前に敵を発見、滑空して逃げることができる。規則的に植えられていて見通しが良いこともココヤシが選ばれる要因の一つかもしれない。

休息している高さは、ココヤシの樹高に関係する。ほぼ葉の直下にいることが多いので、樹高の高いココヤシを選べば休息している場所も高いことになる。図6はココヤシの高さの頻度分布と、ねぐらとして利用されたココヤシの高さの頻度分布を比べたものである。ねぐらとして使ったココヤシは幹高が高いほうに偏っており、なるべく高いココヤシを選んでいるといってよさそうだ。まとめると、ヒヨケザルは外部から見えにくく、高い場所を昼間の休息場所として選んでいるようである。

では、ヒヨケザルの天敵として何がいるだろうか。樹上性の肉食獣がまず候補にあがる。ジャワ島ではヒョウに捕食されていることが糞の分析によって明らかにされている(4)。また、猛禽類も天敵となるだろう。

私たちの調査地にはベンガルヤマネコが出没する程度で、大型の肉食獣は見られなかったし(5)、猛禽類も目にすることはなかった。

農園という人為的な環境は、確かにヒョウなどの大型肉食獣や猛禽類にとっては棲みやすい環境ではないだろう。しかし、植食性でねぐらにも困ら

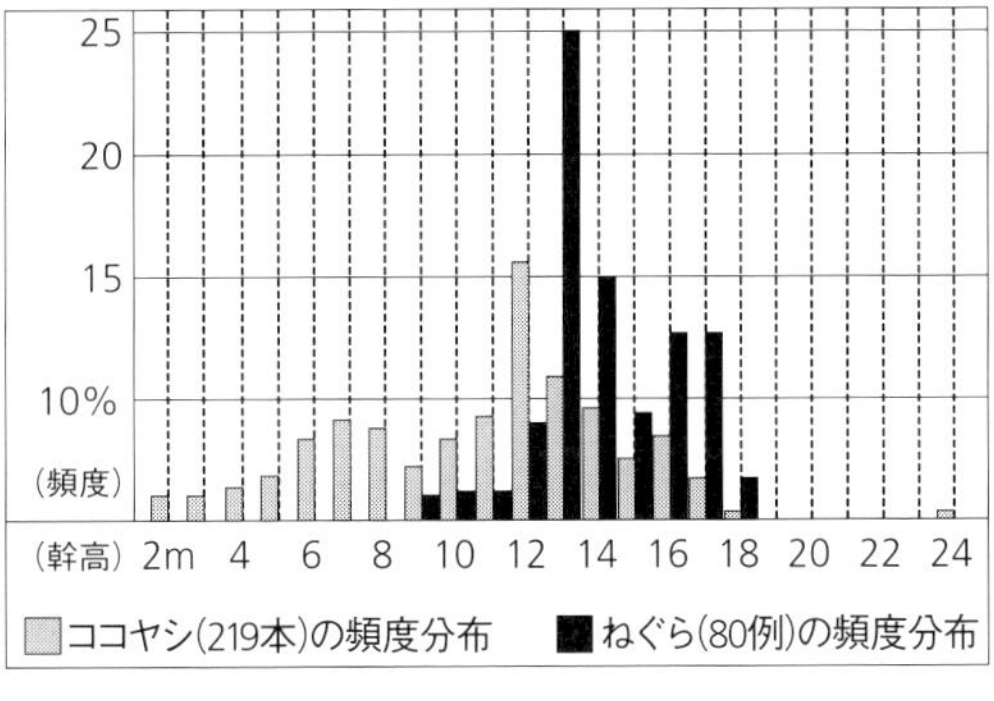

図6：ココヤシの高さの頻度分布とねぐらとして利用したココヤシの頻度分布

ないヒヨケザルにとっては、天敵もいない分かえって棲みやすい環境なのかもしれない。

暗闇の中、追跡をスタート

ヒヨケザルは休息を邪魔されたときや、天敵が近づいてきたときにだけ昼間でも移動する。それも、最初は身を隠すようにゆっくりと居場所を変え、いよいよ危険がせまったと思われるときに初めて滑空して逃げていく。

夜にしか動かない動物であるから、調べるにはこちらも夜型になる必要がある。昼間のうちに探しておいた休息場所の近くで明るいうちから待機しておき、動き出すのを待つ。こうやって動きだす時刻を調べ、朝はいつ活動が終わるのかを調べる。夕方と朝には滑空して移動することが多いので、薄明るい空を背景に滑空するシルエットを見ることができる。

ここでも、発信器をつけていると役に立つ。休息してじっと動かないときには、アンテナの揺れ方も少ないから、受信機でとらえた音は単調なりズムを繰り返す。移動をはじめてアンテナの揺れが大きくなると、電波の強弱も大きくなり、音が変化する。だから、音の変化をモニターしておくことで、活動の有無を判断することができる。

ほかにも活動のリズムを調べる方法がある。調査地を一通りパトロールすると、何個体か見つけることができる。発見時に何をしていたか記録しておいて後で全体を重ね合わせ、どの時間帯にどの行動が多く見られるかを調べるのである。さまざまな方法を組み合わせて、夜間の活動性を表したのが図7である。

一般的なパターンとしては、泊まり場から滑空したヒヨケザルは、移動したあと排泄する。排泄行動は特徴的で、尾を後ろにそらし、尿や便が体をよごすことを防ぐ。いきなり尾膜をひっく

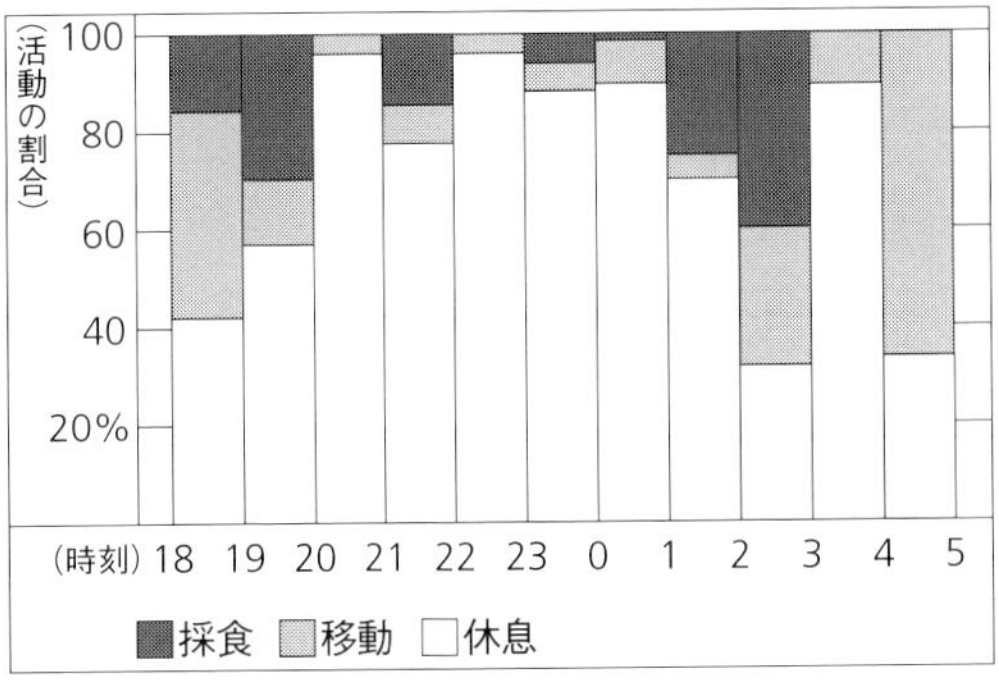

図7：マレーヒヨケザルの活動性
1999年11月、雌雄各1個体のデータを合わせたもの

り返す様には、最初は驚かされた。このときが雌雄を確かめるチャンスでもある。運が良ければ、普段は隠れて見えない生殖器、オスなら睾丸を見ることができる。

動き出した直後の時間帯には、数頭の個体が一本の木に集まることがある。後からきた個体が先にいた個体ににじり寄ったり、臭いをかいだりするが、争いになることはまずない。静かにゆっくりと離れていったり、飛び去ったりしてしまうことが多い。実際、どのような意味があるのか、いまだにはっきりしない。

一時間ほどに過ぎない、ヒヨケザルがもっとも活動的な、それでも、注意して探さないと存在に気づかないくらいに静かな一時が過ぎると、その後はますます気配を感じることが難しくなる。この時間帯は、採食行動に費やすことが多いようである。昼間寝ていて排泄も終わり、ようやく朝ご飯（？）の時間なのだろう。ところが、採食時間はあまり長くない。

では、残りの時間帯は何に使っているのだろうか。ヒヨケザルはとても動きが少ない動物である。本文でも「空飛ぶナマケモノ」という言葉が出てくる。偶然なのだが、私もまったく同じ表現でヒヨケザルの紹介記事を書いたことがある。その内容は、ある日の観察にもとづいている。

二〇〇四年八月二九日、一頭のヒヨケザルを見つけた。時刻は夜九時二五分。この個体は、一二分後にはじっと動かなくなってしまった。同じ個体を同じ木で同じように休んでいるのを観察したのが夜一〇時三九分。見回りのたびに確認したところ、早朝四時三二分にようやく動きはじめた。実に、七時間も連続して休息していたことになる。

通常、夕方六時ころから暗くなって動き出し、朝の五時前後に明るくなって動きが止まる。一日のうち活動に使える時間は一一時間くらいである。その中で連続して七時間も休んでしまうのだから、いかに動かない生活をしているかがわかる。残りの四時間の中にも休息の時間が入るので、実際の活動時間は本当に短いものになる。

理想的な食生活

ヒヨケザルは植物食の動物である。葉や芽などを食べるとされている(6)。餌となる植物の種類は、その場所に何があるかで変わってくるだろう。また、食べられる植物がなければ、棲息することはできない。「昼間はどこで休んでいるのか？」の項でもふれているように、私たちが観察していた農園では、ココヤシ以外にもいろいろな種類の植物が植えてあった。その中でヒヨケザルの採食が観察された植物とその部位は表3のようであった。

食べているものは若くて柔らかい葉や、つぼみ、花などであった。パンヤノキ、ド

表3：マレーヒヨケザルの採食が観察された植物

種類		採食部位
センダン	センダン科	葉
ランブータン	ムクロジ科	葉
オオバヤドリギの一種	オオバヤドリギ科	葉
ネジレフサマメノキ	マメ科	葉芽、葉
ジリンマメノキ	マメ科	葉
パンヤノキ	パンヤ科	葉、つぼみ、若い実
ドリアン	パンヤ科	葉、つぼみ
イチジクの一種	クワ科	葉
パラミツ（ジャックフルーツ）	クワ科	葉
アボカド	クスノキ科	葉、つぼみ、花

リアン、アボカドでは葉だけでなくつぼみや花も利用され、パンヤノキは若い実もさかんに食べられていた。ヒヨケザルの生活にとって、大量に食べることは消化の問題があるうえに滑空という移動様式にも影響を与える。摂食量を推定できるほどにはデータが得られていないけれども、高栄養で消化しやすいものを必要最小限食べて採食に費やす時間も短くし、エネルギーを節約して生きているのであろう。

フィリピンヒヨケザルは三五種もの植物を利用していた(1)そうだが、私たちの調査地のマレーヒヨケザルは限られた種類の植物しか利用していない。私たちの調査地は人為的な環境であり、植物相は原生林とは比較にならないくらいに貧弱なはずだ。利用した種類数が少ないのはそのせいかもしれない。とはいえ、ある時期に限ればそれほど多くの種類を必要としていないようで、毎日同じ場所で採食しているのを見ることもある。

ところで、ヒヨケザルの特徴の一つに、その特殊な歯がある。切歯にたくさんの切れ込みがあってくし状になっていることに加え、上顎では中央部の歯が離れていて、隙間ができているのである。歯の構造は食性と関係

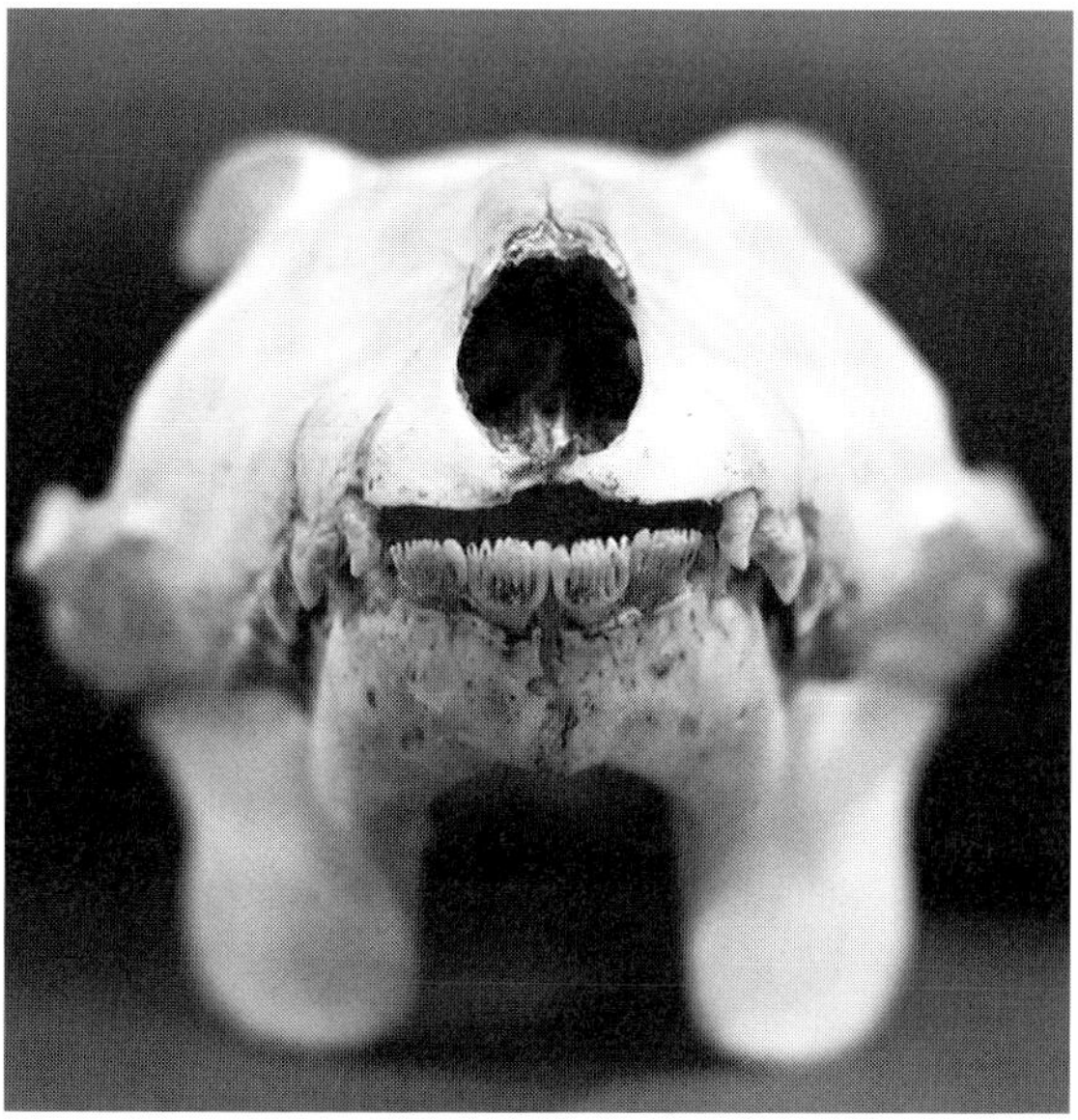

マレーヒヨケザルの切歯。頭骨を正面から見たところ

すると想像される。なぜこのような歯をもっているのか、いまのところはっきりしていないが、採食だけでなく毛づくろいにも役立っているようである(7)。

行動圏は雌雄で異なる

一三六メートルもの距離を滑空できるヒヨケザルだが、一体どのくらいの範囲を生活の場としているのだろう。どのくらいの範囲が必要かは、同じ動物でも条件によって異なる。生活に必要なものといえば、人間なら衣・食・住である。それに加えて子孫を残すことも大事なので、繁殖相手が確保出来ることも必要だ。動物は自前の毛皮を持っているから「衣」の心配はない。あとは「食」と「住」と「繁殖相手」である。

広さだけでなく、行動圏の配置にも意味がある。個体間の関係によって、それぞれの個体がどの場所を行動圏として利用するかが決まってくる。そして、行動圏の配置を調べるためには、できるだけたくさんの個体を同時に追跡する必要がある。

これまでに延べ二一頭について行動圏を調べ、二〇〇三年の七月には幼獣一頭を含む一〇頭を一度に追跡することができた。一一日〜二〇日間追跡し、成獣のメス三頭、オス六頭について行動圏を記したものが図8である。個体数が多いので、オスとメスとをわけて示している。

まず、メス同士では行動圏がほとんど重なっていないことがわかる。表1からわかるように、発信器をつけていないメスの成獣も二頭以上いたはずであるが、それらが観察されたのは追跡した個体の行動圏周辺部もしくは行動圏外であった。このような行動圏の配置が見られる場合、それぞれのメスは他のメスに対して排他的であることを示唆している。つまり、「なわばり」を持っているようなのだ。ただ、観察しているかぎりでは、行動圏の境界付近でも争いがおこるようなことはなかった。

排他的な行動圏を維持するのに、攻撃行動は必ずしも必要ない。臭いなどなんらかの目印をつけていることもあるし、お互いに避けあって行動圏の配置が決まることもある。ヒヨケザルがどうやって排他的な行動圏を維持しているのか、これまでの調査ではわかっていない。

一方で、オスの行動圏はお互いにかなりの程度、重なっている。また、メスの行動圏よりもやや広くなっているが、それぞれのメスにはほぼ行動圏が重複するオスがいることもわかる。

動物にとって大事なのは、自分が生き残ることももちろんであるが、どれだけ多くの自分の子孫を残せるかだと考えられる。子どもを産み育てるメスであれば、子育てを無事に終えるための安全なすみかや十分な餌が重

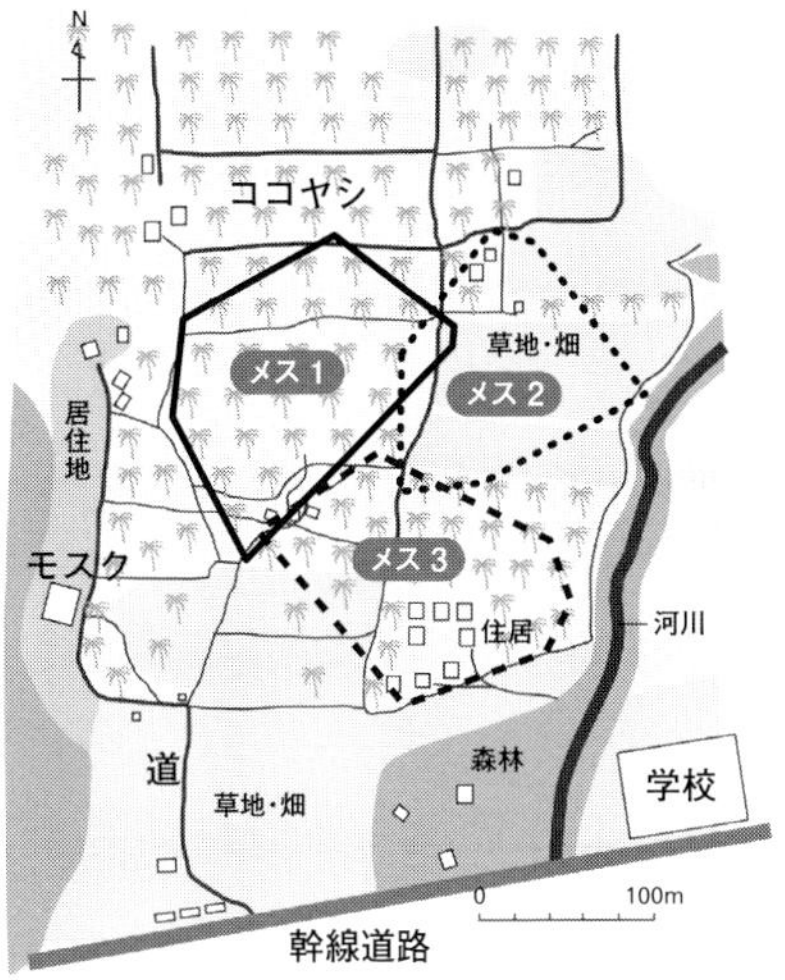

図8-1：マレーヒヨケザルのメスの行動圏

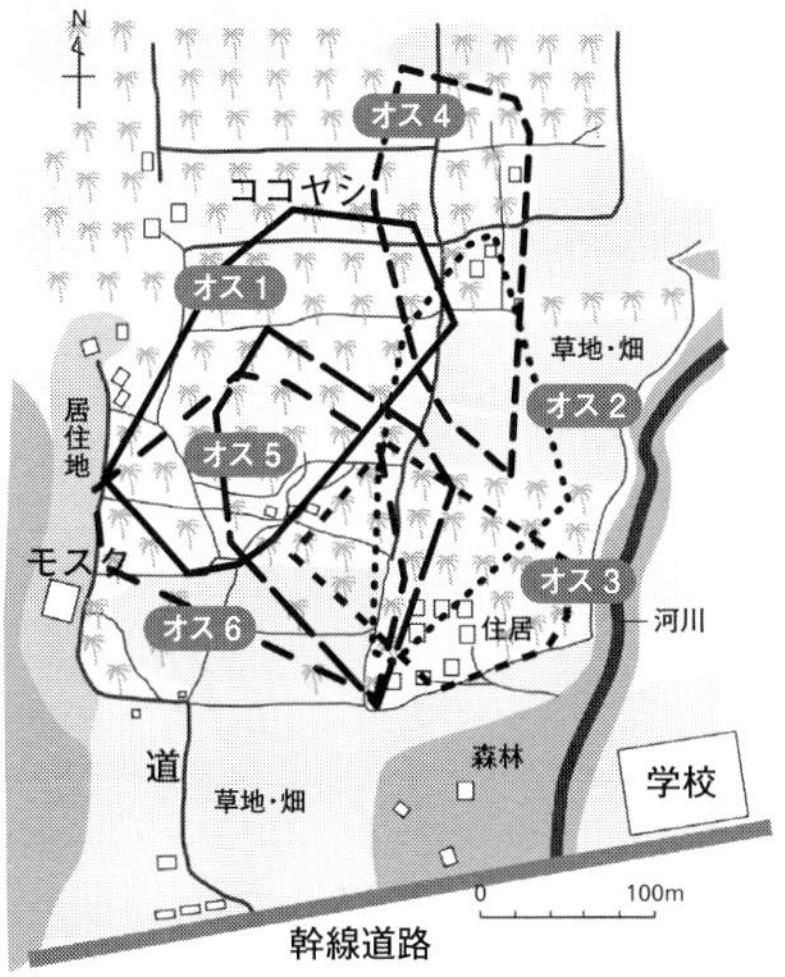

図8-2：マレーヒヨケザルのオスの行動圏

要であろう。オスにとっては、子育てを助ける必要がなければ、できるだけたくさんの繁殖相手を捜すことになるだろう。メスが子を常に抱えて育てるヒヨケザルは、オスが子育てに関わることはなさそうだ。必然的に、オスの行動圏は複数のメスにまたがるような配置となり、面積も広くなるだろう。実際、これまでに調べた結果では平均的な行動圏の広さはメスで一・二六ヘクタール、オスでは一・七九ヘクタールであった。ここで、メスをめぐってオス同士の競争がおこることが予想されるが、やはり争いらしいことはほとんど見られていない。どのようにして優劣を決めているのかも今後の課題として残っている。

なわばりはあるが、争わない

たいていの場合、彼らは単独で行動しているが、昼間は同じ木に複数が休息していることがある。また、夜間、同じ木で採食していることもある。そういった場合でも、直接、個体間で何らかの交渉が見られるのはまれで、ただいっしょにいるだけのように見える。とはいえ、近くにいることにはそれなりに意味があるはずだ。

メスは排他的な行動圏を持ち、なわばりを持っていそうであった。観察していると、単独で行動している個体の近くにいつの間にかもう一頭が近づいていくのがしばしば見られた。観察中に雌雄を見分けることは難しい。それでも、先にいた個体はメスで、近づいてきた個体はオスと判断されることが多かった。マレーヒヨケザルは雌雄で毛色に違いがある。メスは灰色がかっていて明瞭な斑点をもち、オスは茶色であることが多い（多い、と書いたのは、特にオスの毛色に変異が見られるなど、例外もあると思われるからだ(2)。ともかく、オスがメスのほうににじり寄り、臭いをかぐような仕草をみせることもあった。おそらく、近くにいるオスがメスの元を訪れ、繁殖可能な状態なのかどうかを確かめているのではないかと考えられる。

子どもを育てなければならないメスは、餌や安全なねぐらが確保できる範囲を自分の行動圏として他のメスから独占する必要があるのだろう。一方で、オスは確実に繁殖相手を見つけるために、また、繁殖可能なメスを他のオスにうばわれないように、常にメスの状態を把握しておく必要がある。子どもを長期間お腹に抱いたまま行動するメスは、一年中繁殖できるとしても、交尾可能な期間はかなり限られたものと思われる。オスはその機会を逃さないように常に自分と重複した行動圏を持つメスの状態を把握すると同時に、近隣のメスの元にも訪れているのではないだろうか。

ヒヨケザルの将来

国際自然保護連合（ＩＵＣＮ）が定めたレッドリストには、フィリピンヒヨケザルが危急種という範疇に入れられている。分布がフィリピンだけに限られることや、熱帯林の減少などが影響している。東南アジア全体でみれば分布域は広いことや地域によっては普通に見られることによるのであろうか、マレーヒヨケザルは絶滅のおそれは低い（低リスク）とされている。

私たちが観察を行っているジャワ島西部では、まだたくさんのヒヨケザルを見つけることができた。分布範囲もかなり広そうである。問題はこれらの地域はすでに人手が入った人為的な環境であることだ。

ヒヨケザルは果樹園などの環境にも棲息することができる。しかし、それは、あくまでも本来の棲息地である原生林の代替にすぎない。個体群を維持するために重要な場所ではあるのだが、いつ農園としての用途が変更されるかもわからない。それに、収益性を考えると、余分な樹種を植えることは不利かもしれない。ココヤシだけが栽培され、ほかの樹種がない純粋な農園になれば、そこはもはやヒヨケザルの楽園ではなくなるだろう。

また、ココヤシの収穫は重労働である。労力を軽減し、効率的に収穫できるように、品種改良によって樹高が低いココヤシも作り出されているそうである。そのような品種に変更されたら、これもヒヨケザルにとっては不都合である。遠くまで移動するには高いところから飛び出す必要がある。ねぐらにしても安全を確保するにはできるだけ高いほうが良いからだ。

ジャワ島内での分布調査の際に、いくつかの国立公園でまだ棲息しているのを確かめることができた。残念ながら、これらの棲息地は互いに分断され、孤立したものになっている。それでは、インドネシア全体ではどうだろうか。

国連食糧農業機関（ＦＡＯ）のホームページによれば、二〇〇〇年から二〇〇五年のあいだのインドネシアの森林の減少面積は、一年間あたり一八七万一〇〇〇ヘクタールであった。ヒヨケザルは森林に特殊化した動物であるから、森林の減少はそのまま棲息場所の消失を意味する。すべての森林にヒヨケザルが棲んでいるわけではないし、棲息密度も私たちの調査地ほど高くはないかもしれない。それでも毎年、膨大な数のヒヨケザルが棲み場所をなくしていることだろう。

地球環境問題の一つにも挙げられる熱帯林の減少は、現地だけに責任があるとはいえない。ヒヨケザルたちの未来を少しでも明るいものとするには、まず現状を知ること、生活を知ること、そしてそれを多くの人に知ってもらうことがとても大切なことに思える。

謝辞

この調査はブアディさん（ボゴール動物博物館）、金城和三さん（沖縄国際大学）、伊澤雅子さん・中本敦さん（琉球大学）、土肥昭夫さん（長崎大学）と一緒に行っているものです。調査を進めるにあたって、相見滿さん（京都大学）、阪口法明さん（環境省）、米田政明さん（自然環境研究センター）には有益な情報・助言をいただきました。現地調査ではユピ・K・ハディさん（ボゴール農科大学）とイスムジ・ハディさんご夫妻、調査地の農園主であるソフィアンさんにお世話になりました。これらの方々にお礼申し上げます。また、インドネシア科学院（LIPI）には調査を許可していただき、財団法人日本生命財団の研究助成および琉球大学21世紀COEプログラムの助成をうけたことを記して感謝いたします。

引用文献

(1) Wischusen, E.W. and M.E.Richmond 1998. Foraging ecology of the Philippine flying lemur (*Cynocephalus volans*). *Journal of Mammalogy*, 79:1288-1295.

(2) Lim, N. 2007. Colugo. The flying lemur of South-east Asia. 80pp., Draco Publishing & Distribution Pte Ltd. and National University of Singapore.

(3) Goldingay, R. 2000. Gliding mammals of the world: Diversity and ecological requirements. *In*" Biology of gliding mammals (Goldingay, R. and J. Scheibe, eds.)", pp. 9-44., Filander Verlag, Fürth.

(4vSyahrial, A.H. and N. Sakaguchi 2003. Monitoring research on the Javan leopard *Panthera pardus melas* in a tropical forest, Gunung Halimun National Park, West Java. *In* "Research on Endangered Species in Gunung Halimun National Park, Research and Conservation of Biodiversity in Indonesia, Vol. XI(Sakaguchi, N., ed.)" pp.2-20.

(5) Nakamoto, A., K. Kinjo, M. Baba, T. Doi, Boeadi and M. Izawa 2006. Mammalian fauna in a coconut palm plantation recorded by photo-traps and sightings in West Java, Indonesia. *Bulletin of the Kitakyushu Museum of Natural History and Human History, Series A*, 4: 121-123.

(6) Medway, L. 1978. The wild mammals of Malaya (Peninsular Malaysia) and Singapore. 2nd ed., 131pp., Oxford University Press, Oxford.

(7) Aimi, M. and H. Inagaki 1988. Grooved lower incisors in flying lemurs. *Journal of Mammalogy*, 69: 138-140.

あとがき

片山　江

本書の編著者である片山龍峯は、テレビ番組や短編映画の演出家として、三〇年以上映像の仕事に携わってきました。さまざまなテーマで作品を作り、動物番組や海外取材番組を多く手がけ、世界一二〇か国を訪ねました。

東南アジアの熱帯雨林での最初の企画は、一九九三年一一月放送のNHKスペシャル「緑の秘境・林冠〜地上35メートルの熱帯雨林〜」でした。この番組の調査、取材を通して、当時、京都大学林冠生物学の研究プロジェクトのリーダーだった井上民二教授と知り合いました。その後、井上先生と親しく交流させていただくなかで、BSスペシャル「熱帯雨林の鼓動をとらえる」やETV特集「謎の一斉開花を追う」などの熱帯雨林に関する番組が次々と出来ました。井上先生を〝和製アッテンボロー〟と呼んで、ボルネオ島の熱帯雨林を一年に何回も訪れていました。

そうした熱帯雨林の取材のなかで、同行していたカメラマンの伊藤千尋さんから、初めてヒヨケザルのことを聞いたのです。一九九四年にNHKの「生きもの地球紀行」で、また、二〇〇三年には「地球！ふしぎ大自然」でヒヨケザルの番組を作りました。

二〇〇四年の夏、片山はアメリカ・テキサス州・ダラスの病院で、予想もしなかった手術の合併症で亡くなりました。彼には、病気回復後すぐに取りかかりたいと考えている幾つかの企画がありました。そのひとつが、自分で撮ったヒヨケザルの写真を使った絵本でした。

実は、彼は調査のときも、スタッフが同行するロケのときも、必ず自分で写真を撮っていました。その量は半端でなく、どんな取材のときも、ポジ、ネガ両方を混ぜて、一〇〇本ぐらい撮影済みのフィルムを持ち帰っていました。ヒヨケザルについても千枚ちかい写真をストックしていたのです。

すでに二〇〇三年の秋には、見本のような手作りの絵本が出来ていました。中型のスケッチブックに、写真を貼り、パソコンで打った文を切り貼りしたものでした。その手作りの絵本を、一度ある出版社の方に見てもらい、構成をもう少し検討しようということになっていたのです。

片山が亡くなって、四年近く眠っていたスケッチブックの絵本を、八坂書房の畠山泰英さんに見ていただいたことで、思いがけず、この『空を飛ぶサル？　ヒヨケザル』が出来ました。

この本は、片山が構想した絵本とほぼ同じ構成で、文は私が加筆しました。彼が数冊の大学ノートに毎日記録してあったロケ日誌と、NHKの番組用に書いたナレーション原稿を参考にし、伊藤さんに間違いを正してもらいました。

ロケ日誌には、柳瀬裕史さん、雅史さん（共にカメラマン）をはじめ、多くの方々の協力や、苦労してヒヨケザルに近づいていく、粘り強い撮影の様子が細かく記録されていました。私はこの本を作ることで、好奇心にあふれる、仕事好きな彼の姿を久しぶりに思い出すことができました。

本書は、分子系統学の長谷川政美先生、航空力学の東昭先生、現在もインドネシアでフィールド調査を続けておられる生態学の馬場稔先生が、それぞれに専門の分野で解説して下さったことで、日本で初めてのヒヨケザルの本としては一段と内容の深いものになりました。

また、ブックデザイナーの大森裕二さんの手によって、不思議なヒヨケザルの生態が、より深く印象に残るものになりました。最後に、片山の若い友人だった畠山さんの熱意で、彼が希望した以上のヒヨケザルの本が出来上がったことに、心から感謝申しあげます。

片山龍峯（かたやま たつみね）
1942 年、東京都生まれ。映像作家、片山言語文化研究所代表。制作会社（株）レラ工房のディレクターとして、「NHK スペシャル」「生きもの地球紀行」「未来潮流」「ETV 特集」「地球に乾杯」など、NHK のドキュメンタリー番組を数多く制作する。「空を飛ぶクモの謎」（レディ・ガスコイン賞）をはじめ受賞歴多数。アイヌ語の研究家としても知られ、アイヌ語の音声付き教材の制作、書籍の執筆でも高い評価を得る。アイヌ語辞書編纂を進める途中、2004 年 8 月 10 日、アメリカ・ダラス市にて病死。享年 62 歳。
著書に、『「アイヌ神謡集」を読みとく』『日本語とアイヌ語』『クマにあったらどうするか―アイヌ民族最後の狩人姉崎等』（共著）などがある。

片山 江（かたやま きみ）
1947 年、高知県生まれ。テレビ番組、短編映画の演出家として、動物番組を多く手がける。1989 年に、夫の片山龍峯と制作会社（株）レラ工房を設立して、日本テレビ、テレビ朝日、NHK などの番組制作に携わる。

【解説】
長谷川政美（はせがわ まさみ）
1944 年 、新潟県生まれ。復旦大学生命科学学院教授。名古屋大学大学院理学研究科博士課程単位取得退学。理学博士。生物の系統進化の研究が専門で、特に哺乳類の進化やマダガスカルの自然史に興味がある。

東 昭（あずま あきら）
1927 年、神奈川県生まれ。東京大学名誉教授。東京大学工学部応用数学科卒業。工学博士。日本航空宇宙学会会長、航空審議会委員などを歴任。生き物の動き「飛ぶ・泳ぐ・走る」仕組み研究の世界的パイオニア。

馬場 稔（ばば みのる）
1954 年、福岡県生まれ。北九州市立自然史・歴史博物館（いのちのたび博物館）学芸員（哺乳類担当）。九州大学大学院理学研究科博士後期課程単位取得退学。理学博士。世界的にもあまり研究例のないマレーヒヨケザルの生態の解明に挑戦している。

ブックデザイン:大森裕二

空を飛ぶサル? ヒヨケザル

2008年8月25日　初版第1刷発行

編著者:片山龍峯

発行者:八坂立人

印刷・製本:(株)シナノ

発行所:(株)八坂書房

〒101-0064　東京都千代田区猿楽町1-4-11
TEL.03-3293-7975　FAX.03-3293-7977
URL : http://www.yasakashobo.co.jp

ISBN978-4-89694-916-2